U0257086

本书由信阳师范学院资助出版

中国工作环境研究丛书

环境·态度·行为

中国企业工作环境的实证数据分析

ENVIRONMENTS, BEHAVIORS
AND SOCIAL ATTITUDES

An Empirical Analysis on Chinese Working Conditions in Enterprises

张彦 著

社会科学文献出版社
SOCIAL SCIENCES ACADEMIC PRESS (CHINA)

本书系国家社会科学基金一般项目"企业工作环境研究：概念、量表与指数构建"（项目编号：15BSH105）的重要成果

编委会

编者序

工作环境（working conditions）主要指的是从业者在其工作单位中，从主观上所感受到的一种工作氛围（working climate）与工作状态（working state）。工作组织与单位作为一个社会中重要的制度载体，主要是通过其所形成和营造的独特的社会环境或者组织文化影响和规范员工的组织行为。在欧洲，工作环境研究已经初具规模，成为一个很重要的交叉学科领域。在中国，对工作环境的研究才刚刚开始，目前主要从工作时间、工作报偿、工作场所以及工作中的员工参与四个方面展开研究。

从历史发展的过程来看，工业文明的一个重要特点，就是使人们从农业文明互不关联的"个体劳动"中脱离出来，走向互相关联的"集体劳动"。人们在"集体劳动"的过程中不断互动，社会交往日益频繁。这种不断互动与频繁交往使人们产生对公共品的要求，同时也发展出公共道德规范。随着公共（集体）空间和公共品在质量与数量上不断提高与增加，"集体劳动"的效率会不断提高，与此同时，"集体劳动"的环境以及公共空间的环境也会不断改善，这既是文明发展的历史趋势，也是文明发展的条件和前提①。在现代社会，工作组织是各类组织的最主要形式，也是多数社会成员的主要"栖身"场所。人们生活在社会里和工作中，工作是人们一生中最重要的组成部分，它会给人们带来完全的满

---

① 郑永年：《当代中国个体道德下沉根源》，《联合早报》2019 年 7 月 23 日。

足与充分的意义。一方面，人们的工作以及工作的环境深深地影响着人们的行为，这样的组织及其环境实际上是人们在社会生活中价值观与行为取向重塑的社会场所；另一方面，人们的行为也深深地嵌入了他们工作的那个单位或者说他们的职业或工作之中。在很多情况下，人们在这种环境中完成他们的社会化过程。恰恰在这个意义上，人们在工作单位中感受到的组织氛围与工作状态，对人们在组织中的行为会产生举足轻重的影响。

事实上，经济增长的质量和效率取决于参与经济活动的劳动者的质量，取决于这种经济活动组织者所营造的工作环境的质量。良好的工作环境，能够造就有质量的工作，它既是一个社会高质量发展的前提，也是条件。高质量发展的中国，首先需要创新劳动者的工作环境，同时需要提高劳动者工作的质量，这是当今中国发展的重要基础。

不少研究告诉我们，一个好的工作环境，在微观个体层面，能够为人们获得幸福与满足提供必要的物质保障和前提，为人们的情感满足提供必要的社会归属，能够帮助个体更好地在组织中实现自我，激发潜能，为人们的自我成长和满足提供必要的公共场所；在中观组织层面，能够促进良好的组织文化构建，提高组织成员对组织的认同感和满意度，提高组织效率，进而快速推动组织的创新与发展；在宏观社会层面，有助于我国的经济与社会实现"新常态"下的健康、平稳，同时也能够为高质量发展提供合理的预期。

按照社会学的理论，在一个组织的发展过程中，人们的行为结构总是嵌入组织的结构之中。在这个意义上，工作环境作为组织员工行为的结构性因素，同样发挥着至关重要的作用。毋庸置疑，好的工作环境、工作质量，作为衡量人类福祉的重要指标，不应该也不能够被忽略在社会发展的关注范畴之外。

从学科特点来说，组织"工作环境"问题是社会学研究的重要内容，特别是从组织社会学角度出发进行研究具有明显的学科特长和优势。就研究路径而言，将组织社会学的相关理论、方法和观点运用于对"工作环境"问题进行研究，不仅使我们从学术视角对组织环境变迁的结构特征及影响机制有更为深入的认识，而且由于"工作环境"贴近现实生活实践，勾连社会成员与各类工作组织，因而也使其成为宏观与微观社会治理的一个重要环节。

在很多情况下，我们还可以观察到，一个社会的景气离不开这个社会中各种不同类型组织的景气，或者组织中良好的工作环境。当一些社会成员在自己所隶属的组织中不愉快、不满意，感受不到组织的激励，体会不到其他组织成员的帮助和支持，那么，他们这种不满的感受和情绪就会或多或少地以各种不同的方式宣泄到社会当中去，在一定程度上会影响一个社会的景气。所以，从某种意义上说，研究一个组织的景气以及组织的工作环境能够使我们在更深层次上理解一个社会的景气，这恰恰也是我们研究组织景气与工作环境的学术意义①。

另外，对工作环境研究的深入，能够为组织的评估提供一个良好的学术与方法的基础。事实上，如何运用科学的方法对一个组织的景气状况进行评估，这对于提高组织的效率、提高员工的满意度和获得感、加强员工对组织的认同与归属，都能够起到很重要的作用。

正是从工作环境研究的重要学术意义和应用价值出发，我们从 2013 年开始，对中国的工作环境问题进行了深入研究。这套丛书，就是试图根据我们的田野调查和研究数据，从各个不同的角度对中国的工作环境问题进行深入的观察与分析，同时也对我们

---

① 所以，这套丛书也可看作两个国家社科基金课题研究的进一步深入和延续：张彦，2015 年国家社会科学基金一般项目"企业工作环境研究：概念、量表与指数构建"（项目编号：15BH05）；李汉林，2018 年国家社会科学基金重大项目"中国社会景气与社会信心研究：理论与方法"（项目编号：18ZDA164）。

前一段时期的研究工作进行一个小结。

我们衷心地期望，这套丛书的出版，能够进一步推动中国工作环境的研究和深入。

是为序。

前　言

　　本书是由两个学术产品奠基而成的。1990～2015 年，五年一度的《欧洲工作环境报告》是研究假设的文献基础；《中国社会发展年度报告（2014—2016）》所提供的企业数据是测量框架的设计基础。总体而言，本书的逻辑起点隐藏于对五次欧洲工作环境各项主客观指标的增减变化、测量重心的迁移与重组以及各项指标之间如何相互影响的追问里；本书的研究假设也起步于对欧洲工作环境量表是否适用于中国企业工作环境的探寻与测量里。因此，本书的逻辑的研究结点很可能会在中国企业工作环境指标如何建构、如何实施测量以及如何校验的设计与演进里自然生成。它将为相关读者开启理解企业组织的一扇门。在这扇门里，每一个个体都委身于结构与制度交互作用的各个工作岗位中，他们在岗位上所表现出的态度与行为，甚至流露出的价值观与企业组织的制度、结构勾连在一起，呈现出浑然一体的和谐融合，或对抗博弈的巨大张力。探究与测量其间的相互影响，分析这些影响的效应将在何种意义上对组织的运行、个体工作态度与行为的建构发生作用，这是本书的题中之意，也是在中国研究各类组织工作环境中的人事、制度与场所如何嵌套、组织与运作的起步之举。

　　本书的研究对象是企业工作环境，自然侧重于关注企业员工对工作环境的主观感受，以及在此基础上对企业的工作环境状况的反馈与评估。从某种意义上而言，一个企业工作环境的状况能够通过组织中的个体行为与主观感受被稳定地表现出来。基于此，本书的总体研究框架集中体现在两个方面：一方面，我们试图探讨员工对工作环境的主观感受及其对员工行为的影响（研究重点）；另一方面，我们试图厘清员工态度与其对工作环境感受之间的联系，进而从理论与方法的结合上探讨企业工作环境的界定，研究对企业工作环境的概念操作化与指标测量设计（研究难点）。

基于这个总体框架的考虑，我们试图把企业工作环境区分为客观工作环境、客观组织环境与主观心理环境。事实上，员工对工作最直接的感受，源于客观组织环境，包括自然工作场所、劳动报酬、工作时间、工作与生活的平衡、工作自主性、工作歧视和组织支持。与此同时，真正影响员工工作感受的内在影响因素源于其对工作的主观体验，即主观心理环境，它是员工一切工作行为和工作体验的内在驱动力，包括职业期望、工作压力、工作自尊、工作安全感和工作效能感。与企业工作环境休戚相关的国家宏观经济政策、法规与法案，虽然立于企业组织边界之外，却作为制度环境的独立指标，在深层次上影响着企业的工作环境，左右着企业的发展与变迁。

同样基于这个总体研究框架，本研究的结构安排如下。

第一部分绪论总体交代了目前在中国展开企业工作环境研究的背景。我们对劳动者的工作环境的历时变迁进行了梳理，试图厘清企业工作环境相关概念的使用边界，从而试图设计出一套简单、灵敏并且便于操作的指标体系。第二部分文献综述交代了企业工作环境研究的逻辑起点，企业工作环境的结构内涵，以及欧洲工作环境研究进程中概念框架的变化，检讨国外工作环境研究的缺陷与存在的问题，寻找对中国企业工作环境研究的意义与启示。第三部分在现有数据的基础上，总体描述中国企业工作环境的现状与影响因素，重点交代工作环境指数之间的相互关系以及劳动者对工作环境的主观感受在工作属性、组织类型等因素上的差异。第四部分则在企业工作环境各个指标存在相互影响的判断上，着重探讨企业工作环境中的客观组织环境对员工态度的影响，将影响员工岗位表现的各个因素带回到企业各组织环境的维度中去讨论、分析与总结。

　　经过上述四部分的研究，我们得出如下结论：（1）工作环境可从客观工作环境、客观组织环境和主观心理环境三个维度进行研究，且三个维度之间具有显著关联；（2）以企业员工为调查对象，所得数据表明企业工作环境的总体满意度适中，其中，在性别、年龄、收入、受教育程度、户口等人口变量上存在显著差异；（3）深入探讨发现，在宏观经济、中观组织、个体心理三个方面都存在影响企业员工工作环境态度的因素；（4）具体考察企业员工所处的客观组织环境与其行为的影响后我们发现，员工的组织社会化程度和自尊社会性水平对于员工岗位投入有显著的影响。

　　中国企业工作环境的研究从2014年开始到今年已经是第六个学术年度了。工作环境量表从最初的变量百余个发展到今天的变量千余个，研究的视野从最初的企业组织发展到各类组织和各类群体。无论变量如何由简入繁，今后又如何去繁归简，我们始终在努力探寻一套有效的量表来刻画企业组织与其员工行为交互作用的规律，同时预测组织因其员工的工作态度与行为的变化而在未来呈现的样态。然而，万变不离其宗的是，组织内个体的主观感受自始至终都被我们视作研究的集结点与发散点。我们希望透过对工作环境这一"黑箱"的开启、洞察与分析，帮助读者找到理解组织中个体工作态度与行为变化的依据和未来变化的趋势。当然，我们更希望透过对组织内员工在其各自岗位上的角色扮演和组织社会化的过程，去理解个体是怎样与组织互动，与社会同构的。

目 录

1　绪论

1.1　引言

社会发展是社会关系从个人到社会总体的自由延伸，是个人的物质及精神自由发展到社会层面，并取得社会化一致性的过程，其中包括经济、人文、政治等一系列社会存在的总体发展。[①] 很显然，社会的发展是以人类的福祉为目标的，因此，唯有关注人的主观意识以及形成的态度对人类福祉与社会公平所产生的意义，唯有确保人的权利、利益与参与活动得到有效的维系，社会的发展才可谓面向健康的发展，人类的发展才可谓面向良善的发展。

人的发展与社会的发展紧密关联，发展变迁中的社会环境与人的行为之间会发生各种偶然或必然的相互影响。目前衡量人类福祉的指标无论在国际生活质量研究[②]方面，还是在国内民生发展指数研究[③]方面，都有了相对完整的体系。同时，人们在社会生活

---

① 联合国 1995 年《哥本哈根社会发展宣言》强调了经济发展与人类发展相结合的观念，指出"社会发展"意味着所有人全面参与社会以促进社会进步、社会公平、人类境遇的改善，以便形成经济、文化、社会政策的整合。转引自李汉林主编《中国社会发展年度报告（2012）》，中国社会科学出版社，2012，第 15 页。

② 参见联合国开发计划署每年公布的人类发展指数 HDI 和在全球范围内实施的"生活质量调查"数据。转引自蔡兴杨《1990 年度人文发展报告：联合国开发计划署》，《世界政治经济译丛》1992 年第 3 期，第 13~20 页。

③ 参见北京师范大学"中国民生发展报告"课题组的"中国民生发展指数总体设计框架"。转引自唐任伍《中国民生发展指数总体设计框架》，《改革》2011年第 9 期，第 5~11 页。

的基本领域内,诸如在治安、医疗、食品安全、政府信任、社会参与等维度上,其主观感受也对群体的社会生活质量产生着或多或少的实际影响,甚至或多或少地影响着社会结构的变迁。然而,作为每一个社会发展阶段中将人的行为结构嵌入社会结构中的场所与契机,工作环境在个体、组织乃至社会层面的意义上也同样发挥着至关重要的作用:为人们获得幸福与满足提供必要的物质保障和前提,为人们的情感满足提供必要的社会归属,为人们的自我成长和满足提供必要的公共场所,为稳定协调的社会发展提供合理的预期。毋庸置疑,工作环境、工作质量,作为衡量人类福祉的重要指标,不应该也不能够被排除在社会发展的关注范畴之外。

为了追寻较高的工作质量、好的工作环境与生活质量,甚至与人类福祉的关系以及对社会发展的意义,探寻人们对工作环境的主观感知状态,欧盟率先在其成员国每隔五年就进行一次"欧洲工作环境调查",这样的调查从 1990 年开始,持续了 15 年。每一次欧洲工作环境调查基本上都运用了包括工作时间、劳动报酬、待遇公平、工作与生活的平衡(Eurofound,2012:10 - 13)等一系列完整的题器来了解欧洲社会中工作变迁与社会变迁在多大程度上相互影响,由此为政策制定提供相应的选择依据。

从欧洲工作环境调查的结果,我们得到了关于"工作环境"社会属性的两个学理印象:第一,如何从社会学的学科角度观察工作环境与社会发展总体变迁和态势所发生的关联;第二,如何在强调经济发展与社会发展联动、接纳经济长效高速增长到稳速增长的发展"拐点"的前提下,关注个体对工作环境更多元的主观感受、自主意识。在实践中,随着我国经济高速发展以及产业结构的宏观调整,在传统制造业和新兴的信息产业、服务业等工作研究的核心领域呈现出了诸多宏观繁荣与微观衰微的矛盾景象,社会结构的变化与转型并未塑造出一种容纳人们身心健康的精神结构。这些新问题、新现象在微观层面上关系到企业组织的发展、劳动者的个人福祉，在宏观层面上则关系到国家整体发展的方向、路径以及策略选择。尤为重要的是，对工作环境基本特征的把握，将更有利于对我国当前总体劳动关系状况的理解与分析，为经济、社会的平稳发展提供切实的政策导向。

从 2013 年开始，我们围绕工作环境展开多次田野调查，一个直观的印象强烈地冲击着我们：当经济发展为人们的物质追求提供了基本保障之后，单纯地追逐提高收入的诉求显得不再那么强烈，人们开始意识到自己作为个体在经济发展洪流中付出了多少、得到了多少，关心个人的发展是否与社会发展的速率相匹配。我们如何在"促改革、调结构、惠民生、防风险"①的经济运行步伐中承受风险，同时如何在"固"民生之本、"拓"民生之源、"强"民生之基②的社会发展过程中呼唤社会公正、诉求体面而有尊严的生活？我们更需要思考：当改革的红利在持续释放的过程中，人口红利在随着人口结构、产业结构升级逐渐丧失，经济增长的内生动力在哪里？解决就业结构性矛盾的出路在哪里？在不断推进工业化、城镇化、区域发展的进程中，如何提高人均 GDP 中劳动收入所占比例，让更多的劳动者享受到发展创造的繁荣，

① 参见 2014 年 5 月 6 日中国人民银行发布的《2014 年第一季度中国货币政策执行报告》，http://news.xinhuanet.com/fortune/2014 - 05/07/c_126469534.htm。报告指出，要继续实施稳健的货币政策，保持政策的连续性和稳定性，坚持"总量稳定、结构优化"的取向，保持定力，主动作为，适时适度预调微调，增强调控的预见性、针对性、有效性，统筹稳增长、促改革、调结构、惠民生和防风险，继续为结构调整和转型升级创造稳定的货币金融环境。

② 2014 全国两会政府工作报告中指出就业是民生之本，收入是民生之源，社保是民生之基。"固"民生之本，即坚持实施就业优先战略和更加积极的就业政策，优化就业创业环境，以创新引领创业，以创业带动就业，努力实现更加充分、更高质量的就业，使劳动者生活得更加体面、更有尊严；"拓"民生之源，即深化收入分配体制改革，努力缩小收入差距，健全企业职工工资决定和正常增长机制，推进工资集体协商，构建和谐劳动关系；"强"民生之基，即推进社会救助制度改革，继续提高城乡低保水平，让每一个身处困难者都能得到社会的温暖和关爱。见 http://www.china.com.cn/news/2014lianghui/2014 - 03/05/content_31682007.html。

过上体面的生活？这是我们开展中国工作环境研究的初衷。

1.2 研究背景与问题的提出

1.2.1 劳动者面临的工作环境困境

1.2.1.1 恶性事故与职业病之殇

据国家安监总局调查统计数据：2018 年全国发生一次死亡 10 人以上的重特大事故 19 起，相比 2005 年的 134 起下降幅度达到 86%；一次死亡 30 人以上的特别重大事故 0 起，且没有发生人员伤亡。从数据来看，生产安全事故总量、较大事故数、重特大事故数与 2017 年相比实现"三个下降"，其中重特大事故起数和死亡人数分别下降 24% 和 33.6%，全国安全生产形势保持了持续稳定好转的态势[①]。尽管如此，2018 年发生了 5.1 万起生产安全事故，有 3.4 万多人失去了宝贵的生命[②]，这些数字依然触目惊心。许多事故的发生是由于安全保护措施不到位。

目前我国 30 多个行业近 2 亿劳动者不同程度地遭受职业病危害，国家卫健委规划发展与信息化司发布的《2018 年我国卫生健康事业发展统计公报》显示："截至 2018 年底，全国共报告各类职业病新病例 23497 例，职业性尘肺病及其他呼吸系统疾病 19524 例（其中职业性尘肺病 19468 例），职业性耳鼻喉口腔疾病 1528 例，职业性化学中毒 1333 例，职业性传染病 540 例，物理因素所致职业病 331 例，职业性肿瘤 77 例，职业性皮肤病 93 例，职业性眼病 47 例，职业性放射性疾病 17 例，其他职业病 7 例。"[③] 这意

---

① 应急管理部：《2018 年全国安全生产情况》，http://www.chinanews.com/sh/2019/01-22/8735933.shtml，最后访问日期：2019 年 8 月 24 日。

② 搜狐网：《2018 年中国发生生产安全事故 5.1 万起》，http://www.sohu.com/a/300315370_651053，最后访问日期：2019 年 8 月 24 日。

③ 搜狐网：《2018 年我国卫生健康事业发展统计公报》，https://www.sohu.com/a/316294462_749842，最后访问日期：2019 年 8 月 24 日。

味着中国尘肺病病例每年以超过 10000 例的规模增长。

伴随中国经济高速发展的是安全事故和职业病的爆发。一些企业漠视工人生命，无视劳动者的基本权益，用工人的血汗换取资本的增长。企业违法成本低，政府部门监管不力，工会组织力量薄弱，助长了企业违法违规行径。劳动者患职业病后的艰辛维权透视着我国职业安全保护的制度之痛。

1.2.1.2　富士康"连跳"悲剧与工人的异化

富士康科技集团是专业从事电脑、通信、消费电子等高新科技的企业，这是一家身披诸多光环的明星企业，也是一家一度被公众诟病的精神"血汗工厂"。据不完全记录，2007 年至 2009 年，富士康发生 4 起员工非正常死亡事件，其中，2009 年 9 月 16 日，年仅 25 岁的孙丹勇因其经手的苹果 iPhone 样机少了一部，受到公司有关部门的调查，其间遭受非法搜查、非法拘禁甚至殴打，不堪忍受而跳楼自杀，结束了自己年轻的生命。[①] 据不完全统计，自 2010 年 1 月至 2012 年 1 月，富士康接连发生了 18 起员工跳楼自杀事件，[②] 一位 17 岁的富士康员工接受采访时说，其每天 2880 次重复同一个动作——查看产品屏幕是否有损坏。[③] 员工基本工资低，靠加班提高收入，在不得不加班的情况下，"他们必须连续站立工作 8～11 小时，其间不能交谈，不能打电话，不能吃任何东西"；"上厕所需要找组长领取一张流动卡，其间由组长顶替工作——这一制度设计逼迫工人不会频繁找组长，避免激怒组长"；"车间里，除了作业声就只有组长的呵斥声"。[④] 富士康追求泰勒模式，对员

---

① 凤凰网资讯：《孙丹勇之死　凶手——高压工作》，http://news.ifeng.com/society/2/200907/0721_344_1259956.shtml，最后访问日期：2014 年 3 月 20 日。

② 百度百科：《富士康跳楼事件》，http://baike.baidu.com/view/3624334.htm#7，最后访问日期：2012 年 3 月 20 日。

③ 腾讯新闻：《富士康跳楼幸存女工：每天重复同一动作 2880 次》，http://news.qq.com/a/20111118/000381.htm，最后访问日期：2014 年 3 月 20 日。

④ 凤凰周刊：《富士康内幕：13 个人的残酷青春》，http://tech.ifeng.com/magazine/detail_2010_06/13/1622379_1.shtml，最后访问日期：2014 年 3 月 20 日。

工实行军事化管理，压低工资，延长工时，员工被异化为机器，在流水线上不停重复单一枯燥动作。流水线 24 小时高速不停运转，上班下班睡觉的钟摆式生活，严重挤压着员工私人社交空间，个体社会关系孤立疏离。

员工的自杀不是个体悲剧，在资本侵蚀人性的时代，工人在操纵机器的同时也被机器操纵，人异化为机器，企业缺少必要的人文关怀，工人的个体价值被忽视。

1.2.2 劳动者面临着全球劳动力市场的变化

1.2.2.1 劳动关系的深刻变革

经济的全球化是以贸易、资本、服务和就业的全球化为特征的，全球化改变了发达国家和发展中国家的产业关系，对传统的产业关系提出了史无前例的挑战。在传统的劳动关系体系下，政府负责制定规则，劳工阶层、管理层双方以平等的地位通过集体谈判和集体协商等方式来协调与处理劳动关系。这种体系相当稳定并能够被各方所接受，在这种体系下能够有效处理产业冲突。这种劳动关系模型提供了三方机制的意识形态，并体现到国际劳工组织的工作中。但是，工作机会的全球化产生了一些在传统的产业关系理论里面并没有涉及的新的角色。

首先是全球化的投资者－决策者。通常这些人不是"国家"的三方机制中的一部分。其次是业务外包公司。许多这样的公司在三方机制中并不"可见"，通常被认为是"间接"雇主。但是，许多对雇员的侵犯导致的抱怨经常和这些公司有关。再次是非正式工人。在正式劳动力市场上非正式工人是在正式工人的编制之外的，他们通常并没有工会化。由此，他们在三方机制中并没有代表。但是，作为雇员和人类的一员，他们对工作安全和改善福利的要求，和那些正式员工一样是合法的和正当的。经济的全球化造成了工作的全球化，工作的全球化造成劳动关系的全球化，在传统的劳动关系的调整模式中，没有涵盖发生劳动关系的全部角色。传统的劳动关系调整机制因此也就不能有效地平衡劳资双方的力量，造成在劳资双方的力量对比中劳动者处在更加弱势的地位，"强资本，弱劳工"的现象并没有得到改变，劳动者的利益和工作机会随时受到来自资方的挑战，而一个国家的劳动力的供求失衡将更加扩大这种不平衡。因此，劳动关系的全球化就使劳动关系问题不能简单地在一个国家内解决，必须将它放在全球的视野内考虑。

1.2.2.2 就业模式的显著变化

当今世界上失业和半失业的工人数目之高是前所未有的。在亚洲，受金融危机和世界其他地区经济衰退的影响，失业人数在以每年数百万的速度增加。而且，失业率进一步增长的趋势并没有终止。根据统计，在 1998 年，1 亿工人——约占世界劳动力总数的三分之一——处于失业或半失业状态。而实际上则有 1 亿 5 千万工人处于失业当中，或者正在寻找相关的工作。到 1999 年 3 月，仅亚洲金融危机就导致约 2400 万人失业。劳动力市场上供过于求的现象在全世界范围内都很严重。很大一部分失业者是由于他们所掌握的技能不能适应新技术条件下的工作需要，对他们进行培训的成本也相当高，这些人处于非常悲惨的境地，他们得以生存的机会就只有进行非正式的工作，而这些非正式工作是没有正常的保障和劳动保护的。在发展中国家，这些非正式工作是普遍情况，而不是例外，不定期的、临时的、试用期或短期的工人们很容易在任何时间和地点招聘到。这种情况在只需要对那些有最基础教育水平的人经过简单的指导就能使其在一两天学会的简单的和具有重复性操作的工作中特别普遍。不仅在亚洲，拉丁美洲、非洲和东欧地区的出口工业带中的劳动密集型组装线上也有许多这样的工作，而且在发达国家的农业领域和移民工人从事的领域（如保姆、零售等）也有大量的这类工作存在。

非正式工人，也就是没有正式合同和最低权利保证、福利的工人。在一些日益衰退行业的正规的经济体中，非正式工人有可能比正式员工还要多。通过人力中介机构、不定期雇佣为基础的劳动力资源配置等手段的运用，很多正式劳动力市场正逐步地非正式化。以非正式工作形式存在的非正式工人的劳动条件和劳动收入得不到有效的保障，他们的生存状况堪忧。

1.2.2.3 工会力量的明显削弱

"全球化"从表面上来看是在世界范围内，独立但相互依赖的单位（不同的国家或地区）可以在其中相互竞争和合作，而实际上它是一个有等级的系统。这个系统实际上由"跨国公司"所支配，也就是被寻求垄断利润的资本所统治（古斯坦，2003）。资本的天性就是寻求高额利润，因此，以最便宜的方式从事工商业务以寻求更高的利润，是推动跨国公司和全球投资者以全球的视角将资金从一个地方转移到另一个地方的根本动机。一般的结果是将劳动密集型的产业放置在劳动成本更低的地方，而技术密集型和生产高附加值产品的部分工作（如研究和开发以及市场营销项目）则配置在更发达的地区。

以追逐更高的利润和更便宜的生产地为目的，全球的资本正在全球范围内为了重构自身而展开互相争夺。正是在这样的全球竞争背景下，"寻底竞争"在全球和国内劳动力市场中得到加强。结果是，经济全球化时代里的资本已经在全球联合起来，而全球的劳动者却由于各种原因并没有团结起来，导致在世界范围里的资本的力量远远超越了劳动者的力量，这种情况在国家内部更加明显，特别是希望得到世界资本的中小型发展中国家更是如此，有时表现为一国政府为了发展本国的经济有可能在资本的面前妥协，牺牲劳动者的权利与利益。

经济全球化，是资本在全球范围内团结起来的全球化。资本的团结，造成了不同国家的工人的矛盾。发达国家的工人认为，发展中国家工人的低劳动力成本吸引了来自发达国家的资本，造成了本国某些传统产业的空洞和工人的大量失业。这些发达国家的工会对本国政府施压，要求政府采取有效措施，防止资本的外流，保持就业稳定。西方发达国家的政府是建立在垄断资本基础之上的，政府不愿意对本国垄断资本的流动进行阻止，也很难阻止。但是，政府为了缓和本国工会对政府的压力，维持社会稳定或其他政治目的，又不得不给工会以答复。于是西方发达国家的政府迁怒于发展中国家的政府与工会，提出了贸易条件应该与劳动标准相挂钩，以缓解国内工会施加的压力。

1.3 研究对象与工作重点、难点

本研究的对象是企业工作环境，侧重于关注企业员工对工作环境的主观感受，并在这个基础上对企业的工作环境状况进行评估。在一定程度上，一个企业工作环境的状况能够在人们的行为方式与主观感受中稳定地表现出来。因此，本研究的总体框架，集中体现在两个方面：一方面我们试图探讨员工对工作环境的感知及其对员工行为的影响（工作重点）；另一方面，厘清员工的态度与其对工作环境感知之间的勾连，进而从理论与方法的结合上探讨工作环境的界定，研究对工作环境的操作化与测量（工作难点）。

2 工作环境研究的文献回顾

2.1 工作环境的研究缘起

如果要追溯工作环境的研究缘起，就不得不谈到生活质量（quality of life，简称 QOL）。生活质量这个概念最早出现在美国经济学家 J. K. 加尔布雷思所著的《富裕社会》（1958）一书中。该书主要揭示美国居民较高的生活水平与社会的、精神的需求满足方面相对落后之间的矛盾现象。他在 1960 年发表的美国《总统委员会国民计划报告》和 R. R. 鲍尔主编的《社会指标》文集中正式提出生活质量这个专门术语。此后，生活质量逐渐成为一个专门的研究领域。

在生活质量概念内涵的探讨中出现了两种截然不同的取向：生活水平理论与生活质量理论。学者们讨论认为，生活质量有别于生活水平的概念，生活水平回答的是为满足物质、文化生活需要而消费的产品和劳务的多与少的问题，生活质量回答的是生活得"好不好"的问题；而生活质量须以生活水平为基础，但其内涵具有更大的复杂性和广泛性，它更侧重于对人的精神文化等高级需求满足程度和对环境状况的评价。

在探寻生活质量指标体系时，学者们（Cummins，1996；Lance et al.，1995；van Praag et al.，2003）致力于通过探寻生活质量所涉及的生活范畴，即"生活质量"这一概念中"生活"的维度有哪些，从而构建生活质量度量的指标体系。通过学者们众多的实证研究，生活质量有了一个较为完整的指标体系。（1）客观条件指标，包括人口出生率和死亡率、居民收入和消费水平、产品的种类和质量、就业情况、居住条件、环境状况、教育程度、卫生设备和条件、社区团体种类和参与率、社会安全或社会保障等。通过对这些客观综合指标的比较分析，可以权衡社会变迁程度。（2）主观感受指标，主要测定人们由某些人口条件、人际关系、社会结构、心理状况等因素决定的生活满意度和幸福感。对满意度的测定通常分生活整体的满意度和具体方面的满意度两种。

在指标体系构建研究的过程中，有学者（Clark，2005；Haller & Hadler，2006）发现，在客观条件指标中，个体获得报酬的雇佣工作是导致高生活质量的最重要的决定因素之一。他们认为工作不仅能够为个体提供足够的金钱以维持个体生活，还可以带给个体认同感、社会地位、个人发展的机会等附加价值。还有学者在生活质量的主观感受指标中也发现了工作对个体积极情绪体验的影响。Sirgy（2002）借用等级域和特点域两种观点去阐释一个好的工作对个体生活满意度的积极影响，并且这一理论假设在其实证研究中得以验证。

正因如此，有部分学者开始着力从劳动积极学的视角不断探索一个好工作（good job）的决定因素有哪些，探讨如何通过工作质量的改善提高个体生活质量。经济学家们常用工作报酬和工作时间来定义工作质量（quality of work）；社会学家和组织心理学家们则指出，从广义上工作还应包含员工的幸福感、满意度、工作与生活的平衡、工作自主性和个人发展。例如，Gallie（2007）指出工作质量是由技术、培训、工作自决性、工作与生活的平衡和工作不安全性五个维度构成的。

除了学术讨论上的蓬勃发展，自2001年以来，工作质量和工作-生活质量的话题亦成为欧洲一个重要的政治议题。欧盟于2001年制定并执行了一项欧洲就业战略（European Employment Strategy，简称EES）。在这项计划中，欧盟对工作质量做了一个明确的界定，它指出，工作质量这一概念内涵，应基于一个多元的视域，它既应包含客观的工作岗位特点，还应包含员工的主观工作评价、员工性格以及员工与岗位的匹配程度。在欧洲就业战略研究框架下，欧盟各国的学者们发现，影响工作质量的因素有十一个，分别是：内在工作质量、技术、终身学习与职业生涯发展、性别平等、工作健康与安全、灵活性与安全性、劳动市场的进出自由、工作组织和工作与生活的平衡、社会对话和员工参与、多样性和非歧视、完整的经济体现和产量。在这些印象因素的相关研究中，Sirgy（2001）指出，工作满意度更大可能是工作质量的结果变量，而非工作质量的一个构成维度。随后，这一发现不断被后来的学者证明。

在这场工作质量的大讨论中，学者们逐渐厘清工作质量的衡量实质上是对个体工作行为所处的物理环境和组织环境的评估。因而，2008年至今，欧盟率先在其成员国进行了为期五年的"欧洲工作环境调查"，用包括工作时间、劳动报酬、待遇公平、工作与生活的平衡等一系列完整的题器来了解欧洲社会中，工作变迁与社会变迁在多大程度上相互影响，由此为政策制定提供相应的选择依据。

2.2　工作环境的学科界定与结构分析

尽管目前的研究尚未对工作环境进行学科界定，也未曾对工作环境的概念做出明确的界定，但是，作为研究变量，这一概念已经在经济学、管理学、社会学、医学等学科领域的研究中被频繁提及。

在概念使用上，工作环境有两种英文表述，working condition和working environment。使用"working condition"一词来表述工作环境的文献，往往会用物理环境（physical condition）、社会心理环境（psychosocial condition）来概括个体工作行为发生的环境。与此对应的，使用"working environment"一词（有时还可以用workplace 表述）的文献，则往往将研究视野局限于空气、噪声、粉尘等物理环境。

尽管在概念上，对工作环境并未有清晰的界定，甚至在概念使用上都还存在争议，但是，工作环境的内在结构却走在了研究的前列。根据调研需求，工作环境常常会根据研究目的被分解为不同的组成因子。总结目前的研究文献发现，工作环境概念的内部结构划分主要有两种倾向。

大多数研究者（Elena Ronda Pérez et al.，2012；Olli Pietiläinen et al.，2011；Risto Kaikkonen et al.，2009）认为工作环境的实证考察，需要从工作安排（work arrangement）、物理工作条件（physical working conditions）和社会心理工作环境（psychosocial working conditions）三个方面进行。其中，工作安排是指由工作岗位赋予个体的具体工作任务，包括工作负荷、工作时间、轮班情况等；物理工作条件则是包含危险环境（粉尘、噪声、高温等）暴露、电脑辐射等个体工作行为发生时所处的客观物理因素；社会心理工作环境，则多使用 Karasek（1985）的 demand-control-support 模型，从工作需求、工作控制和工作中的社会支持三个维度去考察在工作过程中个体所处的中观组织环境和微观个体岗位环境。其中，也有研究者（Tea Lallukka et al.，2010），将工作安排排除在外，认为工作环境仅由物理工作环境和社会心理工作环境两部分构成。在众多这类研究中，对员工客观物理工作环境的研究多与管理心理学的经典霍桑试验所得结果类似，研究人员发现，客观物理工作环境对员工的工作绩效、身体健康、工作满意度等有影响，但是否显著却结果不一。除此之外，近年来个体员工所处的社会心理工作环境及其影响更多地激起了社会学、管理学、经济学研究者们的兴趣。学者们基于 Karasek（1985）的 demand-control-support 模型，集中探讨个体员工的社会心理环境与个体工作感受（如工作倦怠、工作满意度、幸福感等）的关联，并且研究结果显示出员工的社会心理环境现状与工作倦怠、工作满意度、幸福感等呈不同程度的显著相关。

　　还有一部分学者反向研究员工的工作环境。他们假设，如果员工所处的工作环境较差，其势必会感到不同程度的工作压力。据此，员工个体不同程度的工作压力，就能够反映其工作环境的优劣。工作压力小，其工作环境较好；工作压力大，其工作环境较差。Lederer W. 等（2006）在考察麻醉师的工作环境与工作倦怠的关系时，就从引起个体工作压力的两个维度——工作任务的质量与常规工作问题来考察麻醉师工作环境的优劣。其中，工作任务的质量，由常规工作要求（包括工作的灵活性、多样性）、常规工作可能（包括时间控制、交流与分享、合作的范围、注意力集中的需要等）组成；常规工作问题则包含时间压力、工作干扰两个内容。另外，Michael Ertel 等（2005）在研究自由作家的社会心理工作环境与其健康水平的关联时，也同样从工作压力方面来衡量被试社会心理工作环境的质量。

　　无论以上哪种划分方式，都不约而同地将工作环境这个概念定位在个体所处的客观环境（objective working conditions）上。这种客观环境可以包含个体工作行为发生时所处的客观物理环境（如高温、粉尘、噪声等），也包含个体的工作岗位所赋予的客观工作环境（如工作时间、工作内容、劳动工具等）和个体所处的组织环境（如与同事交流、领导支持等），而将个体对客观工作环境的主观感受，也就是主观工作环境（subjective working condtions）排除在外。

2.3　工作环境的相关研究

2.3.1　国内外工作环境的相关研究

　　国外对工作环境的研究，发端于欧盟自 1990 年开始的"欧洲工作环境调查"（该调查每隔五年在欧盟成员国实施一次，迄今已有五份报告）。这五份《欧洲工作环境调查报告》将员工的工作环境分成了物理工作环境（包括工作时间、工场设施等方面）和心理工作环境（包括工作压力、工作自主性、工作与生活的平衡、待遇公平等方面），通过人们对这些方面的主观感受来评估工作环境的好坏，客观地展示了欧盟成员国员工工作环境的历时性发展过程及特点。虽然这五份报告没有提供系统的工作环境研究理据，甚至在对工作环境的概念上都缺乏认知统一的表述，但其最大的贡献在于：随着数年来参与"欧洲工作环境调查"的欧盟成员国数量不断增加，工作环境的测量维度几经聚类、归纳，大致形成了"工作发展"、"工作强度与自主性"、"工作的社会性创新"、"工作中的物理及心理风险"和"工作与生活的平衡"五个方面。2013年，德国工作环境调查将其拓展到15个有效指标，大大增加了对"工作环境"这一概念在操作层面上不断尝试的可能性，同时也为2015年新一轮的"欧洲工作环境调查"提供了更具操作性的工作基础（参见表2-1）。

表2-1 西方工作环境研究谱系

时间跨度	总体特征	主要观点		观点间的相互关系
20世纪60～90年代	技术变迁与工作环境变迁之间的相互关系存在趋同性。	60年代	技术改进提升劳动者地位，改变其工作处境。	观点不断深化并得以补充。
		70年代	技术改进和产业结构影响员工工作环境。	
		80～90年代	信息技术革新提升工作自由度与工作质量。	
20世纪90年代至21世纪初第1次、第2次欧洲工作环境调查	在生产体制与就业体制上因各国社会情境的不同而存在差异性，进而影响工作环境变迁的特点。	生产体制的性质将会影响个人工作经验的不同方面，包括工作技能水平、工作自由度、工作安全感和员工参与度，乃至工作与家庭平衡等。就业体制的类型促使雇员通过组织化的工会或其他组织与雇主在国家框架下实现协商合作，从而获得组织内的权力资源。		修正了20世纪60～90年代关于工作环境变迁存在趋同性的观点。

时间跨度	总体特征	主要观点	观点间的相互关系
21世纪前10年第3次、第4次、第5次欧洲工作环境调查	工作环境的维度被细分为物理工作环境、组织客观环境以及员工心理环境。	工作环境被操作化为多个指标，归属物理工作环境、组织客观环境与员工心理环境的不同指标相互影响。物理工作环境和组织客观工作环境会对员工个体的心理、生理环境产生影响。	源于劳动过程理论的劳资关系视角，对传统理论视角进行了全面的修正。
2010年至今	各种类型的工作环境，以及各个测量维度中的工作环境都会影响人类福祉。	工作环境的各个维度，从不同层面和角度影响着人们的个人福祉，而个人福祉的多寡、高低则影响着组织结构，甚至社会结构。	将工作环境的各个维度与个人主观感受进行影响因素的细分。

国内关于工作环境的研究基本上处于初级阶段，其研究重点大多放在工作质量的研究上。已有的文献主要关注以下几个方面：一是关注弱势群体（比如农民工群体）的工作境况，并由此获得了丰富的理论与经验研究成果；二是评述美国工作-生活质量（quality of working-life，QWL）的研究成果，并探讨这一指标在国内的适用性；三是研究国际劳工局（ILO）以及欧盟对于"体面劳动"概念的提出与发展，侧重于概念介绍以及国内适用性的探讨。

综观当前国内外工作环境的文献发现，工作环境相关的研究取向大致有如下几个方面。

第一，工作环境多作为前因变量，探讨其对个体健康、工作表现、工作感受等的影响。在现有工作环境的文献中，研究者常常把工作环境作为条件变量，用以考察不同工作环境下个体的行为差异或心理反应，这类相关研究的焦点往往有以下三个方面。（1）工作环境与生理健康。Olli Pietiläinen 等人（2011）、Irma Ilomäki 等人（2008）、Kankare 等人（2012）、Michael Ertel 等人（2005）、Jan Sundquist 等人（2003）、Risto Kaikkonen 等人（2009）分别对各自国家不同的研究对象（研究对象为白领和蓝领、女性教师、幼儿园老师、自由作家、城市居民等）进行实证调研，探寻工作环境与个人健康评估等级或健康状况的关联。结果均表明，工作环境与个体生理健康状况存在不同程度的相关性，其中，较差的客观物理工作环境是导致个体身体疾病的最大因素。（2）工作环境与心理健康。最近几年，工作环境与个体心理感受的关联成为学者们关注的焦点。有学者（Sara I Lindeberg et al.，2010；Lederer W. et al.，2006）关注工作环境与工作倦怠的关联，发现存在较少工作互动行为（尤其是同事间的交流互动）的工作环境往往更易导致个体工作倦怠；有学者（Noblet Andrew & LaMontagne，2006；Lindholm M.，2006）关注工作环境与工作压力的关联，发现工作行为发生的社会心理环境资源与个体体验到的工作压力程度密切相关。还有学者（Sachiko Tanaka et al.，2010；Tea Lallukka et al.，2010）探寻工作环境同个体工作与生活的平衡、工作与家庭冲突之间的关联，结果显示，个体工作与生活的平衡、工作与家庭冲突同个体对自己所处客观工作环境的主观体验（如工作满意度、工作动机等）息息相关。由此可见，个体主观的工作体验（工作满意度、幸福感、工作倦怠等）与其所在组织、岗位营造的社会心理工作环境存在显著相关。这一发现激起了一批学者们（Kyoung-Ok Park & Mark G. Wilson，2003；Martin Lindström，2005，2009；Anne M. Koponen et al.，2010；Annekatrin Hoppe，2011；Sandra Jönsson，2012）专注研究社会心理工作环境对个体工作体验、组织绩效、社会人力资本的影响。（3）工作环境与工作行为。Sung-Heui Bae（2011）在对护士群体的调研中发现，好的工作环境可以为护士提供更多的自主权、工作把控度、工作同事关系，从而促进其工作表现、提高病患的出院率；另一些学者（Amabile T. M. et al.，1996；Davide Antonioli & Massimiliano Mazzanti，2009；Philippe Askenazy & Eve Caroli，2010；Jan Dula & Canan Ceylan，2011）从经济学的角度发现工作环境与创新行为存在的显著关联。

第二，工作环境相关研究的研究对象，集中于特殊人群或工种。综观现有工作环境研究的国内外文献发现，研究者常常关注一些特殊工种，如护士（Sung-Heui Bae，2011；Eileen T. Lake，2007；Sachiko Tanaka et al.，2010；Yukiko Seki & Yoshihiko Yamazaki，2006）、医生（Mache S. et al.，2010；Caglayan et al.，2010；Lindholm M.，2006；Lederer W. et al.，2006；Baldwin P. J. et al.，1999）、教师（Susan Fread Albrecht et al.，2009；Ilomäki et al.，2009；Kankare，E. et al.，2012）、法律从业者（Noblet A. et al.，2008）、自由职业者（Michael Ertel et al.，2005）等所处的工作环境，旨在了解他们在各自特殊的工作环境中的工作行为表现和主观心理体验。还有研究者（Elena Ronda Pérez et. al.，2012；Francesco Della Puppa，2012；Simón Pedro Izcara Palacios & Karla Lorena Andrade Rubio，2011；Thomas N. Maloney，1998）关注跨国移民工作者或外籍从业人员所处的工作环境，以期描述移民的工作现状。

第三，工作环境理论探讨主要源自欧盟工作环境调查报告。Andranik Tangian（2007）借助第三次欧盟工作环境调查，统计分析各国数据发现，欧洲各国在工作环境上的差异显著大于在工资上的差异；分析工作环境各组成因素的贡献发现，工资对个体主观工作体验（如工作满意度）没有显著影响，其所处的工作环境才是决定性的。在欧盟连续5次的工作环境调查影响下，世界其他国家也纷纷开始对本国居民的工作环境进行调研。韩国学者们（Young-Dae Kim et al.，2013）就是借助该国第二次工作环境调查，分析了本次调查所使用问卷的信效度，以期不断改进其工作环境调查。

2.3.2 国内外工作环境研究的反思

综观国内外关于工作环境的研究，我们发现，欧洲现有的研究有三个方面的主要缺憾。（1）偏重微观性、个体性和主观性的研究，缺乏将这些研究嵌入客观指标与宏观经济社会结构中的研究取向。（2）研究数据的解读性描述侧重于经验性描述，不注重对事物之间因果逻辑的解释性阐述。在欧盟历次工作环境研究报告中，多见关于变量的频数描述和相关分析，虽然其力图比较各年份的变化及各成员国之间的差异，却没有提供分析这些变量差异的内在分析逻辑。（3）工作环境的概念、量表和指标缺乏理论建构和方法论的深入探讨。在欧盟的工作环境研究报告中，工作环境是一个操作性概念，其形成的理论基础缺乏严密的推理逻辑，因此在操作化过程中，很容易丧失理论上的解释力。比如，关于工作环境的15个指标间的内在逻辑关系是什么，为何使用这些指标而不是那些指标，这些都没有在报告中交代清楚，导致工作环境这一概念在指标体系的"自循环"中，越发丧失概念的内涵。就方法论而言，工作环境的量表，其指标既缺信度也缺效度，研究也未对指标间的相关性给出合理的解释，离一个简单、灵敏、便于操作的量表还相去甚远。国内现有的研究，尤其在工作质量方面，虽然有了不少探索性或适应性研究，但至少还存在两个方面的不足：一是对于社会整体性的雇员群体，缺乏经验研究成果；二是对于工作质量理论的变迁，缺乏深入论述。对工作环境的整体研究而言，目前，许多国内现有的研究试图通过对工作环境某方面的主观态度变化来反映一个组织的发展变迁状况，尚未将结构性因素以及客观指标纳入其中来考量，进而在关键机制方面缺乏解释力。

基于上述评述，我们研究的逻辑起点隐藏在欧洲工作环境调查各项指标之间如何相互影响的追问中，本研究也起步于欧洲的工作环境量表是否适用于中国工作环境的测量的探寻中。同时，本研究的逻辑落脚点将落在中国的工作环境指标如何勾连组织个体行为、态度与组织结构以及制度安排。

2.4　工作环境的概念建构

在社会科学研究中，对概念的厘清是一个持续不断的过程，相应的，欧洲学术界对工作环境的概念化与操作化的梳理工作也是一个动态发展的过程。然而，来自不同学科领域的研究者以及政策制定者基于认知、价值与利益的差异，在概念选择、维度构建以及指标测度等方面存在较大分歧，尚未达成共识。迄今为止，与工作环境相似的概念包括"工作满意度"、"工作－生活质量"、"体面劳动"、"就业质量"以及"好工作"等，但不仅限于此。所以，我们首先将讨论不同术语在各自历史发展脉络中呈现出的差异，并对工作环境在劳动与工作研究领域的位置加以界定。其后将从概念的本体论与因果论出发，就不同学者在概念构建中的立场与策略差异加以归纳与分析。

2.4.1 与工作环境相关的概念

2.4.1.1 工作满意度（job satisfaction）

工作满意度概念源自 20 世纪 30 年代的美国社会。美国学者最早对其做出界定，认为"工作满意度是指劳动者心理与生理两方面对环境因素的满意感受"（Hoppck，1935）。换言之，工作满意度就是劳动者对于工作环境的主观反应。之后，也有学者基于不同的研究目的与研究策略，发展出不同的概念界定。伯切尔等（Burchell et al.，2014）学者指出，随着工作满意度概念的发展，一些研究者将其作为判断好工作（good job）的测量工具，用以评估劳动力市场的结果（Yoshida & Torihara，1997；Staines & Quinn，1979；Seashore，1974）。直到现在，工作满意度因其概念内涵的相对简明性、操作的相对便捷性以及测量指标的相对易得性，而在相关研究中被视为工作环境的操作化概念（Clark，1996，1998，2005）。

与工作环境相比，两者在概念内涵与构成上存在着显著差异：工作满意度指涉的是劳动者的纯粹主观感受，而工作质量不仅包含了劳动者对工作特征、物理环境、组织制度环境的主观感受，还涉及包括工作属性、工作条件等在内的一系列客观要素。

2.4.1.2 工作－生活质量（quality of working-life）

此概念可追溯至 20 世纪 60 年代的美国社会，其起源与当时如火如荼的社会指标运动密切相关。比如，生活质量（quality of life）指标运动的倡议者认为，使用国内生产总值（GDP）等经济指标数据无法客观地反映个体的生活状况（living conditions），唯有对人类生活的质量程度加以考察，才能加深人们对现代化进程中个体生活的现状与变迁的认识，弥补经济指标的不足（Land，1975）。

生活质量研究最早出现在 20 世纪 30 年代的美国。当时，生活质量被作为一个纯粹社会学的指标来使用。较早的相关研究见于 1933 年胡佛研究中心 Ogburn 主编的《近期美国动向》，该书探讨和报告了美国生活各方面的状况和走势。1958 年，美国经济学家加尔布雷思在其《富裕社会》（The Affluent Society）一书中首次对生活质量的概念进行了界定。在他看来，生活质量是指人们生活舒适、便利的程度以及精神上所得到的享受或乐趣。由此，生活质量逐渐成为一个专门的研究领域并得到迅速发展，来自不同领域的研究者从各自的视角出发，对生活质量进行界定和研究，并以此为基础发展出各具特色的生活质量评价体系（金子勇，1986：44）。

从 20 世纪 50 年代生活质量研究兴起至今，国内外对生活质量的界定可谓众说纷纭。2000 年，德国著名生活质量研究专家 Noll 根据生活质量研究的不同层面，将生活质量研究总体概括为两大类，即个体层面的个体生活质量（Individual Quality of Life）和群体层面的社会生活质量（Societal Quality of Life）。其中，个体生活质量主要关注个体层面的生活环境和个体的主观感受，社会生活质量则强调那些直接或者间接影响个体生活质量的社会因素。

国内学者从我国文化背景和现实条件出发对生活质量进行了界定和研究，对生活质量的研究也呈现出了不同的角度，包括经济学角度、社会心理学角度以及综合角度，这是生活质量研究的三个传统维度。近年来，以社会学为内核，对主客观生活质量进行综合界定的一种代表性观点表明，生活质量就是"社会提高国民生活的充分程度和国民生活需求的满足程度，是建立在一定的物质条件基础上，社会全体对自身及其自身社会环境的认同感"

（周长城，2003：16），将生活质量按两对变量（生活的机会和生活的结果、外在的生活质量和内在的生活质量）区分出生活质量的四个方面的主要内容：环境的承载能力、生命的效用、个体的生存能力和个体对生活的评价（周长城、饶权，2001：74～77）。这个定义强调了社会作为一个满足国民生活需求的提供者，它所扮演的角色完成的好坏，即社会是否为国民生活提供了各种充分的资源和价值，体现了在一定经济条件下，社会成员、全体国民所组成的"社会全体"，对内我和外我的接受程度，也体现了社会作为生活质量研究主体的出发点和切入点。

工作－生活质量是一个来自人力资源管理学的概念。受泰勒、法约尔、马克斯·韦伯等人管理思想的影响，西方的人力资源管理理论研究逐渐走向了与生产实践不断联系、共同发展的道路。第二次世界大战后，行为科学理论研究和发展使人力资源管理发生了很多方面的变革。到 20 世纪 60 年代后期，美国汽车联合工会（UAM）负责美国通用汽车公司工会的领导人欧文·布鲁斯通（Irving Bluestone）首次提出工作－生活质量这一词语。其目的是通过对员工在工作等多方面满意程度的评价，来制订一系列提高工作效率的计划措施，从而实现公司的目标。经过 70 年代西方各国如火如荼的工作－生活质量运动的洗礼，员工工作－生活质量作为管理中的一个重要工具也日益受到国外学者的关注，这对企业人力资源管理理论和实践的发展起到了重要的引导作用。进入 90 年代，许多变化影响着人们的工作、生活。新技术应用和国际化进程导致人们进入信息时代，从而改变着人们所构筑的社会结构和社会文化。复杂和动态的变化成为工作环境的新特性，组织运营环境变得更加复杂和多变，这些变化为组织和个人造成了新的挑战，而适应这些环境变化的新方式成为时代的要求。一方面人力资源的重要性客观上要求组织需要新的方式组织和领导员工；另一方面随着以激烈竞争为主要特征之一的新经济时代的来临，人们所感受到的工作负荷与压力已超过以往任何时期，人们更加渴望平衡好工作、生活与健康的关系，追求更高的工作和生活质量，对"人性化"的工作也产生了更大的渴求。在这样的背景下，如果组织不能产生更多人性化的方式来对待员工，不能调整适应来自社会、文化的冲突，就必然会陷入人才流失和低绩效水平的困境。因此，组织必须在了解员工对自身属性与需要情形下，将组织需要的注意力转移为组织需要同员工需要的结合。

工作－生活质量、生活质量有着概念上与范畴上的差别和重叠。D. Elizur 在这方面做了许多研究，他根据人与社会系统的四个因素，即心理、生理、社会和文化，对工作与生活两个领域的影响研究发现，工作－生活质量的范围是一个从中心向四周辐射式的各要素由密切到疏远的相关结构，并与生活质量形成投射式的圆锥体关系结构（Elizur，1990：288）。

同时，二者的关系体现在组织与个人的矛盾统一上。组织与个人是一对既矛盾又统一的关系。一个运行良好的组织，其个人利益与组织利益必须是一致的，否则都会受到损害。而个人利益和组织利益往往通过工作层面表现出来。员工的工作可以视为一种生活（或生活中的一部分）时的质量状态，由于生活质量可以是个体生活的全面评价，因此工作－生活质量就是个体生活质量的重要组成部分或者影响因素。也就是说，工作－生活质量被包括在生活质量这个概念中，其反映了社会、组织与个人这三个要素的利益统一，既要关心一个员工的健康、幸福，又要关心组织的效率与效益，还要关注社会和谐。推动工作－生活质量的改善就是为了使员工个体与组织、社会整合成一体，这可以说是人类进步的必然一步。但不同的个人，在不同的时间、环境、条件下，各有不同的目标组合。在物质匮乏的条件下，人们可能更多地关注生活质量而降低对工作质量的要求，即对物质的追求大于对精神层面的追求；而在物质相对丰富的条件下，人们的注意力就会更多地放在工作质量上。所以，可以用工作－生活质量这个概念来综合地反映不同个人所追求的目标组合，以及组织满足个人目标的程度（贾海薇、王文生、朱正威，2003：134～139）。

因此，本书认为工作－生活质量概念上具有以下特征：首先，它涉及社会指标化的发展运动背景；其次，它强调的是个体主观感受和态度；最后，它聚焦于组织层面对劳动者个体在工作过程及工作结果的影响，从而实现在组织与个人层面之间共同的质量改善（Nadler & Lawler，1983）。

与工作－生活质量的概念内涵不同的是，工作环境的概念在发展过程中，并不涉及特定的社会运动或活动的脉络，相反与欧洲的社会福利政策密切相关，更为重要的是，在工作－质量的概念结构中，并不包括组织层面的目标与实践。换言之，工作－生活质量概念的外延与边界，小于工作环境。

2.4.1.3 体面劳动（decent work）

作为社会政策的概念性产物，体面劳动（decent work）是由国际劳工组织（ILO）在 1999 年提出的。国际劳工组织将其定义为"促进男女在自由、公平、安全和具备人格尊严的条件下获得体面的、生产性的、可持续的工作机会"（ILO，1999）。在此基础上，国际劳工组织编制了一套衡量各国体面劳动的指标体系。这一测量体系囊括了以下 11 个维度：就业机会、不可接受的工作、足够的收入和生产性的工作、合理的工作时间、工作的稳定性、社会公平待遇、劳动安全、社会保障、工作与家庭生活、社会对话与劳动关系、经济和社会因素（ILO，1999）。

体面劳动意味着劳动者从事生产性的劳动，并且其权利获得保护，有足够的收入和充分的社会保障。同时，也意味着足够的工作岗位，也就是使所有人都能得到有收入的工作机会。体面劳动中的"体面"之义是说明，劳动者在工作过程中能保持作为一般人的基本权利与尊严，而不是被强迫劳动，劳动者选择工作的过程是自由的。体面工作中的工作不仅仅限于正规就业，还包括家庭就业、社区就业、街道就业等发生在非正规经济领域的就业。从个人而言，就业得到的收入能够与劳动者的预期和其对社会的预期相匹配，也就是收入能够维持基本所需之外，还能有一定的余额以满足个人的发展；从国家而言，就业中得到的收入最起码超过一个国家规定的使劳动者和家人得以维持生机的最低的收入。

唯有落实"体面"二字的真正含义，才能更全面地理解什么是体面劳动。首先，体面涉及劳动过程方面的体面。对于劳动者而言，劳动应该是一种自由的过程，劳动本身不能是奴役或强迫的。对于雇主而言，体面应该在共同遵守的劳动规则与纪律条件下，监督劳动者的劳动，不能强迫劳动者劳动，在劳动者完成既定的生产目标后，给予相应的经济补偿，而且劳动的时间、报酬等严格遵守国家的规定。对于国家而言，劳动过程中的体面就是要求国家对企业的劳动规则与纪律进行审查、监督与检查，保证双方在一个符合法律和社会道德的规则下运行。其次，体面工作涉及劳动关系运行机制的体面，这种体面最大的特点是劳动双方的平等性。虽然从劳动的属性来讲，劳动者依附于资本才能进行劳动，劳动力这种产权是不能独立存在的，具有财产关系和人身关系的双重属性，但劳动者本身不是资本的附属，劳动与资本具有同等的地位，劳动关系双方是平等的主体。因此，劳动关系运行机制中的体面就要求劳动关系双方以平等的地位确定劳动的规则与纪律、劳动的付出与报酬、劳动的条件、劳动关系的协商机制等，而国家则应该为这种平等性提供政治和法律的保证。最后，体面工作涉及劳动保障方面的体面。对于劳动者而言，应该要求有适当的劳动条件标准和社会保障标准，应该有培训的机会，这种培训能保证劳动者有持续的就业能力；对于雇主而言，不仅要为劳动者提供与企业情况和时代相适应的劳动保护条件与社会保障，而且要为劳动的持续就业能力提供相当的培训机会；对于国家而言，应该建立起普遍的培训标准、劳动保护标准和社会保障制度，在国力允许的情况下，为劳动者进行培训提供各种政策上的优惠，鼓励企业对劳动者培训或鼓励一切形式的在职和脱产培训，并将全社会培训计划纳入社会发展政策之中。

从概念内涵上看，体面劳动一方面包括了就业数量与就业质量内容，另一方面则更加侧重于强调劳动范畴内的权利问题（生存权、就业权、健康权以及保障权等）。从概念的价值立场来看，体面劳动指涉的是就业数量与就业质量中有益的、好的方面。对工作环境来说，首先，其概念内涵上并不包括就业数量与就业质量的宏观层面；其次，其概念的价值立场是中性的。若要以质量水平的差异对工作或劳动进行划分，研究者最常使用的一组抽象概念是"好工作"与"坏工作"，以此来对应国际劳工组织提出的政策性概念，即体面工作。

2.4.1.4 就业质量（quality of employment）

19世纪末20世纪初，就业质量的内涵主要体现在就业者的工作效率、就业者与职位的匹配、"刺激性"的薪酬等方面。管理者经过大量的研究和试验，用标准化的定额、工具、操作方式代替老的、传统的、单凭经验的方法，大大提高了劳动强度和劳动效率。但是，科学管理理论把工人只看作"经济人"，因而忽视了人的精神方面的需求和人际关系的重要性，结果使工人的劳动变得紧张而又单调，工人成了"会说话的工具"，不但劳动积极性受到挫伤，而且引起了工人的强烈不满和反抗。

20世纪20~40年代，一些学者感到就业质量不仅是提高劳动生产率和薪酬，而且必须应用心理学、社会学的原理把工人作为"社会人"来重新界定就业质量。其中以"霍桑试验"、"需要层次理论"和"双因素理论"最为著名。梅奥等人认为就业质量的内涵包括良好适宜的工作环境、合理的工作时间、和谐的工作氛围、心理需求的满足以及非正式组织和正式组织的相互依存等。马斯洛则认为人的需要从低到高分为五个层次，即生理上的需要、安全上的需要、社交上的需要、受人尊敬的需要和自我实现的需要，就业质量需涵盖人的不同层次的需要才能不断提高。赫尔伯格则认为就业质量的内涵中有保健和激励两种因素。

20 世纪 40 年代以后，"职工参与企业管理"（Worker participation），也被称为"工作 - 生活质量工程"（Quality of work-life programs）或"职工参与决定"（co-determination）开始兴起，进一步扩展了就业质量的内涵。其一，员工"三自"管理，即工作自主、自理、自治；其二，员工参与企业管理，培养和提高工人的综合管理能力；其三，轮换工作，扩大工作范围，减少工作枯燥感；其四，建立职工定期休假和休养制度，使员工保持健康的心态和体魄；其五，优化劳动环境，改善劳动条件，加强劳动保护，使员工工作热情持之以恒。

因此，就业质量是一个衡量劳动者在整个就业过程中就业状况的综合性概念，反映了劳动者在就业机会的可得性、工作稳定性、工作场所的尊严和安全、机会平等、收入、个人发展等有关方面的满意程度。所以就业质量本质上是对人的整体发展状况的一种衡量。从个体劳动者的角度看，就业质量包括了一切与劳动者个人工作状况相关的要素，如劳动者的工资报酬、工作时间、工作环境、社会保障等。所以就业质量是反映整个就业过程中劳动者与生产资料结合并取得报酬或收入的具体状况之优劣程度的综合性范畴。

就业质量不同于工作满意度、工作 - 生活质量、体面劳动等概念，我们很难从具体的历史脉络中对就业质量概念的出现与发展进行准确定位。从概念的表述上看，就业质量涉及的是就业活动的一个方面，其所对应的是就业数量（一般表述为就业率与失业率）。从概念的结构来看，就业质量至少包含了两个层次：微观层次上劳动者在工作特征、工作环境等方面的状况，以及宏观层次上国家的就业政策等内容。也有学者认为就业质量还包含了中观层次上组织在劳资关系方面的表现。从概念的内涵来看，就业质量考察的是劳动者从求职到离职的整个就业过程。反观工作质量，其在概念结构上仅涉及个体层次的内容，在概念内涵上也只关注劳动者的劳动过程与劳动结果。基于上述差别，有研究者将工作质量视为就业质量的一个子集（Burchell et al.，2014）。但也有研究者出于对工作质量概念界定的认知差异，认为就业质量应该被包含在工作质量的概念结构之中（Muñoz de Bustillo et al.，2011）。然而，当学者们努力对工作质量与就业质量进行细致辨析的时候，社会科学研究中却还广泛存在着将这两个概念混用的现象（如 Green，2006）。

2.4.2　工作环境的概念框架

尽管上述辨析有助于我们粗浅地理解工作环境的概念边界与概念内涵，但它同时说明了相关研究在概念混淆与误用上的诸多问题。可以看到，由于缺乏一个相对清晰与系统的概念框架，工作环境在概念建构与发展中举步维艰，困难重重。

就已有文献而言，学者们仅在以下两个有关概念的特征上达成了显著共识。第一，工作环境的概念维度是多重的，需要从不同的面向对其加以考察。第二，工作环境的概念发展呈现出定量化的趋势，其概念的操作化定义需要为一个科学的测量评估体系而服务。然而，对于工作环境概念的核心，即什么构成了工作环境的重要内在属性，研究者的回答各有千秋，不一而足。

大多数研究认为，工作环境关注的是劳动者在工作中的个人福祉状况，即工作与劳动对个体所产生的良好影响程度。但由于个人福祉同样也是高度抽象化的概念，究竟劳动者的哪些个人福祉需要被纳入概念框架中加以考虑与观测，这是工作环境概念界定中存在的最重要的分歧。相对狭义的界定认为，工作环境只涉及那些"与工作有关的，对劳动者个人福祉有清晰、直接影响的（客观）方面"，包括工作运行与工作环境中的特征（工作自主性的程度、工作的社会与物理性环境等），以及工作过程中契约关系的特征（工资、契约稳定性、职业发展等）（Muñoz de Bustillo et al.，2011）。也有学者提出，工作环境是指影响劳动者"生理或心理的个人福祉"的工作特征，并认为这些特征会反映在劳动者的工作满意度等主观态度上（Holman，2013）。

此外，也存在着一种相对宽泛的工作环境定义，认为工作环境探究的是"何为好工作"这一本质问题。因此，对工作环境的界定，可以从构成好工作的关键要素出发，依据理论研究与经验数据的成果加以展开（Leschke et al.，2008，2012）。

总的来说，在不同的概念框架背后，折射出的是研究者对概念的本体论与因果论分析上的具体差异。由此，以下将对这两个方面展开具体论述，以期更为深入地探索工作环境的概念本质与概念内涵。

2.4.2.1 概念建构的本体论取向

对工作环境的界定，需立足于概念的本体论层次，才能对其本质加以科学的把握。在目前的欧洲文献中，广泛存在三种不同的本体论取向：主观本体论取向、客观本体论取向以及主客观本体论相结合的取向。

主观本体论取向，是将工作环境视为主观层面的心理事实，认为工作环境的内涵是劳动者对于个人工作特征、工作环境以及相关方面的心理感知。持这一取向的研究者，通常把工作满意度作为工作环境的操作化定义。比如，克拉克（Clark，1996，1998）从经济学的效用概念出发，将工作满意度视为对工作效用的评估方式，对劳动者在工作方面获得的个人福祉加以测量。在研究中，克拉克根据受访者在升职预期、薪酬收入、劳资关系、工作安全感、工作自主性、工作自身特征以及工作时间这几个维度的自我评估，对英国有酬劳动者的工作满意度进行了推论。此外，也有研究者通过编制具体的工作环境问卷，通过对劳动者就工作方面各要素的调查，获得有关劳动者主观工作环境感受的数据结果，比如，德国的好工作调查、捷克的主观工作环境调查等。

主观研究取向的优势在于定义简要、测量便捷以及数据易得。

然而这种取向也招致不少批评，意见主要围绕满意度测量时存在的自评异质性问题展开。所谓自评异质性问题，即受访者在对具体指标进行打分时，会由于个体差异使用不同的评判原则与标准，因而影响测量结果的有效性与准确性，并导致数据不具有可比性。此外，由于劳动者的工作内容与工作环境不断发生改变，加之外部社会经济可能发生剧烈变迁（如经济危机），受访者的个人主观感受会随着情境的转换而有所不同。概言之，在自评异质性等因素的影响下，当研究者对不同群体、组织或国家进行比较时，我们很难清晰辨认出个体工作感受的变迁具体是由怎样的因素引起的（Osterman, 2013）。

客观本体论取向，是将工作环境视为客观层面的社会事实，认为工作环境的内涵是劳动者在个人工作特征、工作环境以及相关方面的水平与程度。持这一取向的研究者，在研究策略上，主要从社会、经济的脉络中对工作环境的关键性维度加以考察。比如，格林（Green, 2006；Green & Mostafa, 2012）以森的能力论（capability）为理论来源，提出了其对工作环境的概念界定。在森（Sen, 1999）看来，生活内容是个体福祉的构成要素，能力则反映了一个人实现个体福祉的实质性自由。换言之，对于个人生活质量状况，可以通过其在生活中实现各种有价值的功能的实际能力进行评估。基于森的能力论，格林（Green, 2006）指出，对于工作环境的概念发展与测量评估，应该主要对劳动者实现个人福祉与行动目标的能力进行思考。劳动者实现个人福祉的能力，主要取决于其工资等报酬形式；而劳动者实现行动目标的能力，则依赖于工作特征与工作环境等因素的影响。

主客观相结合的本体论取向，则游离于上述两种取向之间，将工作环境视为客观社会事实与主观心理事实的统一，认为工作环境的内涵是对个体工作状况的综合评价，既包括劳动者的客观工作状况，也包括劳动者的个体主观感受和心理状态等。在概念维度与测量指标的构建策略中，以综合主客观分析的视角，对工作环境加以研究。比如，在唐易安（Tangian，2009）建构的工作环境评价体系中，涉及 9 个客观工作环境的维度（物理工作环境、健康、时间因素、压力因素、独立性、集体性、社会环境、职业培训、工作与生活的平衡），以及 1 个主观工作环境的维度（主观评价）。此外，值得关注的是，有学者尽管在概念界定时对工作环境的本体论立场加以声明，但更多的情况则发生在具体操作化过程中，将主观取向与客观取向加以结合，服务于测量实践，在某种程度上出现了概念化与操作化的分离和脱节。

2.4.2.2 概念建构的因果论取向

对工作环境的概念界定，还需从因果论层次上对其构成维度进行理解。尽管不少学者有意无意地回避了对概念的基本界定，但在对构成工作环境的基本维度或要素的讨论中，都做出了相应的努力。从已有文献来看，学者对概念维度的探讨，主要是基于概念建构的因果论原则加以展开的。格里茨（Goertz，2006）认为，对概念在因果论层次上的理解，是为了回答"影响概念在因果假设、解释机制等方面发生的关键性作用是什么"这一问题。然而，一方面，不同学科背景的研究者由于秉持的学科立场与教育背景的差异，对这个问题的回答往往呈现出不同的结果；另一方面，由于工作的形式与内涵不断被形塑与重构，对于这些因果要素的判断也会随之发生改变（Osterman，2013）。基于此，对于构成工作环境的概念维度，我们需要借助不同学科的理论传统与研究成果，发展出一套具有相对普适性的概念框架。那么，就工作环境而言，哪些维度会是至关重要的，哪些维度会在特定语境中随着时空变迁而淡出，哪些维度又将日渐显现？

穆尼奥斯·德·布斯蒂略等学者（Muñoz de Bustillo et al.，2011）在对既往文献进行梳理的基础上，归纳了形塑工作环境概念化过程的理论传统（见表 2 - 2）。简单来说，在古典社会学思想的发展阶段，经济学家一直将目光聚焦于报酬，尤其是补偿性报酬对于劳动者在工作偏好与工作选择方面的重要影响，而社会学家更倾向于以批判的眼光，对劳动过程中的剥削问题、劳动者的工作自主性问题、劳动者的去技术化问题加以考察。然而，随着社会政治经济诸多方面的发展与变迁，工作的形式与内涵正在经历着不断重塑的过程，这使研究者对影响工作环境内涵的变化的要素不断做出回应。比如，近年来，员工参与、契约关系、工作压力、心理风险与物理风险以及工作与生活的平衡等要素，陆续被纳入有关工作环境研究的概念框架之中。

表 2 - 2　工作环境概念维度的理论传统

理论传统视角	古典经济学	补偿性工资差异	概念维度		(1) 工资
	政治经济学	劳资关系			(2) 工业民主
	组织行为学	组织激励			(3) 员工参与
	传统社会学	异化与内在工作质量		客观性维度	(4) 技能
					(5) 自主性
				主观性维度	(6) 无权力感
					(7) 无意义感
					(8) 社会孤立
					(9) 自我疏离感
	制度研究	劳动力市场分割			(10) 契约关系与就业能力
					(11) 技能培训与职业发展机会
	职业医疗、健康与安全	工作的健康风险		工作条件	(12) 生理风险，(13) 心理风险
				工作结果	(14) 对工作健康的感知，(15) 旷工
	工作与生活的平衡	——		工作时间	(16) 长度，(17) 安排，(18) 弹性
					(19) 规律，(20) 边界
				工作强度	(21) 工作节奏
					(22) 压力与疲倦

资料来源：根据穆尼奥斯·德·布斯蒂略等学者（Muñoz de Bustillo et al.，2011）的研究加以整理。

2.5　欧洲工作环境指标体系

在欧洲学术界与政策领域，对工作环境的操作化实践，通常是借助一系列测量指标或一套完整的测量体系来实现的。据统计，截至 2011 年，在与工作环境相关的研究领域，已发展出近 20 种测量评估体系（Muñoz de Bustillo et al.，2011）。这些评估体系的陆续出现，一方面，得益于诸如欧洲改善生活与工作境况基金会、欧盟委员会等国际组织与各国政府机构的推动，使国家乃至跨国层面的统计数据能够应用于测量体系的实践中；另一方面，研究者在概念框架与概念界定上始终未能达成共识，使各个指标体系在建构过程中出现了诸多问题，进而影响了统计分析与理论发展的有效性与科学性。表 2 - 3 列出了近年来在欧洲范围内广泛应用与讨论的，由欧盟或欧洲各国政府机构主持推出的工作质量指标体系[①]。

表 2 - 3　近年来的欧洲主要工作质量评估体系

名称	指标呈现	测量方法		
		层次	取向	维度
拉肯工作质量指标[1]	分类指标	多层次	客观	工作特征	（1）内在工作质量
					（2）技能、终身学习和职业发展
					（3）性别平等

---

① 本书限于篇幅，略去了与工作质量概念相似但考察范畴有较明显差异的指标体系，如国际劳动组织的体面劳动指标体系（Gahi, 2003；Bonnet et al., 2003；Anker et al., 2003；Bescond et al., 2003）、奥地利的工作景气指标体系（Pre-infalk et al., 2006）、捷克的主观工作 - 生活指标体系（Vinpoal, 2009）、西班牙的工作 - 生活质量体系（López-Tamayo et al., 2013）等。此外，对涉及欧洲国家之外的指标体系的综述性评论，可参见穆尼奥斯·德·布斯蒂略等学者（Muñoz de Bustillo et al., 2011）以及伯切尔等学者（Burchell et al., 2014）的研究成果。

名称	指标呈现	测量方法		
		层次	取向	维度
拉肯工作质量指标	分类指标	多层次	客观	工作与劳动力市场	(4) 健康和工作安全
					(5) 灵活性与安全性
					(6) 劳动力市场的包容与接纳
					(7) 工作组织和工作与生活的平衡
					(8) 社会对话与员工参与
					(9) 多样性与非歧视
					(10) 整体经济表现与生产率
欧洲工作质量指标[2]	分类指标综合指数	个体	主客观	(1) 工作报酬	(2) 非正式就业
				(3) 工作时间、工作与生活的平衡	(4) 工作环境与工作安全
				(5) 技能与职业发展	(6) 集体利益表达与参与
德国"好工作"指标[3]	分类指标综合指数	个体	主观	资源	(1) 技能培训与个人发展	(2) 创造力
					(3) 升迁机会	(4) 工作影响力
					(5) 信息流通	(6) 管理质量
					(7) 企业文化	(8) 合作氛围
					(9) 工作意义	(10) 工作时间
				压力与负担	(11) 工作压力
					(12) 情感需求
					(13) 物理需求
				工作安全与未来期望	(14) 工作安全与未来期望
					(15) 收入

资料来源：作者根据相关文献加以整理制表。

注：1 European Commission（2008），其数据来源包括：ECHP、ELFS、SILC。

2 Leschke et al.（2008，2012），其数据来源包括：ELFS、EWCS、SILC、AMECO、ICTWSS。

3 Mußmann（2009），其数据来源为同名专项调查。

与之互为补充，表2－4列出了学术共同体中，基于欧洲工作环境调查（EWCS）项目所发展出的欧洲工作质量指标体系。借助这些结构较为完整的测量体系，下文将从数据来源、测量层次、维度选择以及指标呈现 4 个方面对欧洲工作质量指标体系的发展与挑战加以讨论。

表 2 - 4　基于欧洲工作环境调查（EWCS）的跨国性工作质量指标体系

来源	指标类型	测量方法		
		层次	取向	维度
Tangian, 2009	综合指数	个体	主客观	（1）物理工作环境　（2）健康 （3）时间因素　（4）压力因素 （5）独立性　（6）集体性 （7）社会环境　（8）职业培训 （9）工作与生活的平衡　（10）主观评价
Muñoz de Bustillo et al., 2011	分类指标综合指数	个体	客观	（1）薪酬　（2）内在工作质量 （3）就业质量　（4）健康与安全 （5）工作与生活的平衡
Green & Mostafa, 2012	分类指标	个体	客观	（1）收入　（2）愿景 （3）内在工作质量　（4）工作时间质量

资料来源：作者根据相关文献加以整理制表。

2.5.1　数据来源

工作环境指标本质上是一种测量工具，即便有充分的理论依据，其作用的发挥还需要一个基本的前提，即能收集到相应的经验数据。与此同时，指标的发展也取决于数据的内容与质量。从数据收集的角度看，目前欧洲学者使用的数据来源主要包括：（1）欧共体/欧盟层面：欧共体住户追踪调查（European Community Household Panel，ECHP）、欧洲劳动力调查（European Labour Force Survey，ELFS）、欧洲收入与生活状况调查（Statistics on Income and Living Conditions，SILC）、欧洲工作环境调查（European Working Conditions Survey，EWCS）以及欧盟委员会年度宏观经济数据库（Annual Macroeconomic Database of the European Commission, AMDEC);（2）欧洲国别层面：英国住户追踪调查（British Household Panel Survey, BHPS）、德国"好工作"调查（DGB Good Work Survey）、捷克主观工作 – 生活质量调查（Subjective Quality of Working-Life Survey）、弗兰德斯工作环境调查（Quality of Work in Flanders Survey, QWF）等。

综观已有的实证研究，使用最为广泛的调查数据主要来自欧洲工作环境调查。这是由欧洲生活与工作境况促进基金会自 1991 年发起的，每 5 年在欧盟成员国内进行的大型社会调查项目。其内容涉及职业与就业安全、技能发展、工作与生活平衡、健康与个人福祉这 4 个主要方面，共设有 63 项常规问题，118 个具体测量题器。研究者们普遍认为，正是欧洲工作环境调查这类专门性的、历时性的统计调查的开展，使相关研究具有了稳定而有效的数据采集渠道，从而为指标体系的可测量性与可比性提供了重要支持。此外，统计数据的获得渠道具有开放性，也有利于实证研究的科学验证（Muñoz de Bustillo et al., 2011；Burchell et al., 2014）。

2.5.2 测量层次

就测量层次而言，已有指标体系在概念结构的选择上，主要集中于微观的个人层次（如欧洲工作质量指标、德国"好工作"指标）。与此同时，也有一些指标体系选择将宏观层次上的劳动力市场要素纳入指标体系的构建中（拉肯工作质量指标体系）。

一般看来，微观层次测量的优势在于层次简明、便于对各测量要素或维度加以比较，进而便于探讨各要素之间的相互关系；宏观层次测量的优势则在于测量的相对全面性，以及指标体系对国家层面统计数据的可接纳性（如欧洲劳动力调查数据、欧盟委员会年度宏观经济数据库等），而其缺点主要是无法在国家层次上就特定维度、特定群体、特定组织等方面的相关性深入剖析。对于测量层次的选择在指标体系评估中的作用，有学者指出，个人层次的测量最重要的意义在于其可以在实证研究中进行超个人层

次的分析，而宏观层次的测量无法还原为个人层次的分析，不能
分析不同要素与维度的分布特点，也难以把握它们之间的整体性
互动机制。换言之，唯有在测量实践中将工作环境处理为个人层
次的概念，并对数据来源加以限定，我们才能在实证分析中既对
微观个体层次的内容加以分析，又对中观乃至宏观层次的信息加
以把握，从而更科学、更有力地拓展工作环境的分析范畴，使跨
群体、跨组织、跨行业、跨地区以及跨国别的比较研究得以实现
（Burchell et al. , 2014）。

2.5.3　维度选择

由于工作环境具有多维度的特征，研究者通常会通过联结一
系列相关指标，测量工作环境的主要要素，建构一个多层级的指
标体系。综观这些维度或要素的选择，我们很难从中找到完全相
同或非常相似的策略。有研究者指出，在当前的测量实践中，测
量维度与指标选择的策略差异以及存在的逻辑问题，是阻碍相关
研究的最重要的环节（Muñoz de Bustillo et al. , 2011）。这些问题
具体表现在：（1）概念框架与测量维度的分离和脱节，（2）测量
指标的代表性不充分。

概念框架与测量维度的分离和脱节是指概念的操作化无法体
现概念的内涵与特点。举例来说，在由欧盟委员会组织编制的拉
肯工作质量指标体系中，一方面，研究者将社会"政体经济表现
与生产率"等外在于工作环境概念内涵的要素纳入指标体系的构
建中，在缺乏理论基础的情况下扩展了工作环境的研究范畴。另
一方面，研究者并未将工资或其他经济性劳动报酬纳入测量体系
中，完全忽略了经济学领域在工资性收入对劳动者个人福祉方面
的研究成果，无端缩小了工作环境的研究范畴。又比如，在欧洲
工作质量指标体系中，尽管研究者聚焦在微观的个体层次上，但
在维度选择上却将宏观劳动力市场中的"非正式就业形式"以及
中观层次中的"工会密度"等内容纳入测量范畴中，从而导致相

关研究在测量层次与分析层次上的不一致，容易引发后继研究者在数据上的误用与误解。

测量指标的代表性不充分或不恰当则是指指标变量的选择不能很好地体现测量维度的内容。同样是在拉肯工作质量指标体系中，研究者选择以"家庭中拥有孩子（0～6岁）的个体的就业率比值"作为"工作与生活的平衡"的测量指标，缺乏现实经验与理论研究的支持依据。

2.5.4 指标呈现

建立工作环境指标体系的目的，是要将抽象的工作环境概念用简明、具体、可量、可比的测量方法予以系统、有效地表达，使之发挥描述、评价、分析乃至决策的功能。在此过程中，指标呈现作为数据表意的结果，具有十分重要的作用。已有的指标体系在指标呈现上，主要有两种形式：（1）各维度指标构成的指标系统，（2）对各维度指标加以聚合的综合指数。可以发现，后者是基于前者并加以拓展的抽象化提炼。

在具体的测量实践中，研究者们的策略选择各有不同。坚持对各维度指标加以区分呈现的研究者指出，考虑到工作环境所具有的多维度属性，当人们谈及这个概念时，他们设想的也是这个概念的多重面向。倘若研究者将统计结果以一个综合性的指数向公众发布，对数据生产过程知之甚少的公众很有可能对这些数字背后涉及的具体内容产生误解，甚至根本难以理解（Green & Mostafa，2012）。然而，也有研究者认为，现有的综合指数（如欧洲工作环境指数）最大的问题是在指数构造过程中缺乏科学的严谨性，如果研究者能够在原始指标的标准化、单项指数的权重设计以及综合指数的计算等方面依据现实经验与科学规范加以操作，综合指数便于评价与比较的功能就能得到很好的发挥（Muñoz de Bustillo et al.，2011）。

2.6 研究述评与讨论

总体来看，欧洲学术界对于工作环境的研究尽管在数量上已初具规模，但在概念、测量与理论发展等方面的认识上仍有局限，甚至存在不少误解，由此对工作环境研究的发展提出了严峻的挑战（Burchell et al.，2014）。

就概念而言，术语使用的随意以及概念维度的误用，是欧洲工作环境研究面临的最根本也是关键性的障碍。产生这种现象的原因，一是不同学科研究者对概念在认知、价值与立场上存在分歧；二是作为一种经济与社会现象，工作的内容与形式因其所嵌入的制度环境的变迁以及劳动者自身价值观念的转变而始终处于变化发展之中。如何跨越分歧，进而解决难题？一方面需要研究者以更包容、更严肃的学术精神为达成概念共识提供助力；另一方面需要研究者对其保持极高的敏锐度，依靠经验材料的辅助，对概念内涵及关键维度加以更加科学的把握。

就方法而言，目前工作环境研究的科学调查方法以定量研究为主，除了文献综述类的研究，几乎鲜有以"工作环境"为论题的定性研究资料。产生这种现象的原因，一是受到社会指标运动的影响，学术界在评估"质量"等相关概念时潜移默化地带有定量分析的偏好；二是由于欧盟作为欧洲工作环境研究的重要推动者，其出于政策与传播的目的，对指标化的结果呈现出潜在的需求。而关于方法的改进，一方面需要建立在对理论依据的掌握与判别上，另一方面需要在具体的方法策略上展现出更为严谨、科学的求索态度。研究者唯有重新回到社会学、经济学、心理学以及其他社会科学的传统中，结合当下的经验现实，更深入地理解工作环境的概念，采用审慎、科学的态度，而不能因为政策的需要，急功近利地在研究方法上有所让步。

就理论而言，目前工作环境研究领域较为突出的进展，是从比较分析的视角对各个资本主义国家在类型学上所做的尝试。尽管工作类型理论与就业体制理论都试图在理论的抽象层次上超越一般性的经验研究，但这些理论往往因为过分追求抽象类型的划分，而被批评为缺乏对具体经验现实的解释能力。此外，在比较研究的视角之外，许多研究者对不同性别群体、职业群体和非正式就业群体展开讨论，分析这些群体的特征对其工作环境的影响和运作机制，取得了大量研究成果。

与西方社会的工作环境情况相比，中国社会的劳动力市场情况更为复杂。梳理欧洲工作环境研究的最终目的并非将其现有成果全盘照搬，而是希望在对中国本土语境加以思考和分析的前提下，推动工作环境研究在中国的发展。具体而言，我们可以在以下方面加以重视。一是警惕对相关概念的误读与滥用。在概念的选用上，不应该不加选择地选用西方已有成果，而应该在对概念的追本溯源上回到具体的历史脉络与理论框架中，获得并建构起一个清晰的概念模型，进而在对概念各个维度的细致剖析中，探究它们之间的相互关系。二是选择适合本土化情境的测量指标。在测量指标的建立上，我们同样需要立足于本土化的语境，反复推敲具体指标在当代中国工作环境中的信度和效度。三是谨慎地突破学科间的壁垒，大胆借鉴工作环境研究在诸如经济学、心理学以及管理学领域的科研成果。四是努力打通观念与经验间的障碍，用一种总体性的眼光去研究工作环境在中国的过去、现在与未来所呈现或即将呈现出的样态。由此，我们才能对中国工作环境的现实经验进行富有学科价值与学科责任的讨论。

3 企业工作环境研究的思路、方法及其数据分析

在这一部分里，首先我们将试图说清楚工作环境的概念，包括概念的操作化以及研究的思路。其次，我们将试图说明工作环境一些题器的设计以及信效度的检验。然后，我们将简要介绍2014年全国社会发展与社会态度调查的抽样方法以及数据收集的过程。在此基础上，我们将试图对城市居民工作环境的现状做深入分析，同时就其影响因素做进一步的讨论。需要指出的是，2014年的调查主题是中国城市居民的社会态度，而不是对企业员工工作环境的专项调查，这就使利用这些数据对中国企业工作环境的研究有了较大的局限性。

3.1 概念操作化与研究思路：工作环境指数

在上述工作环境问题缘起和理论阐释的基础上，我们将通过编制相关的量表来构建城市居民的工作环境指数。在这次研究中，如前所述，我们利用的数据主要是中国社会科学院社会发展战略研究院2014年全国社会发展与社会态度调查的数据，这项研究主要以个体工作界线来划分，将视野聚焦于个体工作行为所发生的客观工作环境、客观组织环境和主观心理环境，由此构成企业员工个体的工作环境指数（见图3-1）。我们进一步细化，认为人们对工作的最直接的感受，首先源于客观工作环境，包括工作场所、劳动报酬、工作时间、工作与生活的平衡（Eurofound，2011）。其

次，与具体工作内容和流程密切相关的中观环境，即客观组织环境，这也是决定人们是否能够高效工作的关键因素，包括工作自主性、工作歧视和组织支持。[1] 最后，除了以上两个客观环境之外，我们认为人们的工作感受真正的内在影响因素源于其对工作的主观体验，即主观心理环境，它是人们一切工作行为和工作体验的内在驱动力，包括职业期望、工作压力、工作自尊、工作安全感和工作效能感。[2]

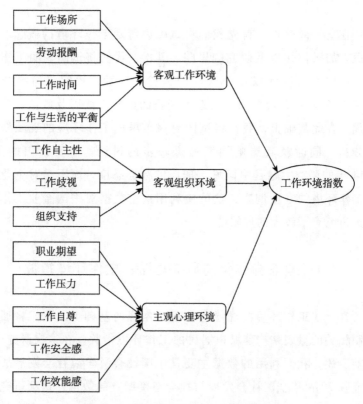

图 3-1　企业员工个体的工作环境指数

---

①　参见罗宾斯主编《组织行为学》中关于组织环境的定义（转引自 http://baike. baidu. com/view/1338670. htm）。

②　参见罗宾斯主编《组织行为学》中关于组织环境的定义（转引自 http://baike. baidu. com/view/1338670. htm）。

3.1.1 客观工作环境

客观工作环境，是单位组织为保障正常开展工作而给员工提供的最基础的硬件条件。我们认为，衡量一个组织是否具有好的客观工作环境主要取决于四个因子：工作场所、劳动报酬、工作时间和工作与生活的平衡。

工作场所，是指劳动过程周围的自然条件和人工环境，如灯光照明、噪声、粉尘、设施、建筑物等物质系统，它是员工对工作环境评价最表象的参照体系。

劳动报酬，是员工付出体力或脑力劳动所得的对价，体现的是员工创造的社会价值。本次调查中的劳动报酬仅指用人单位以货币形式直接支付给员工的各种工资、奖金、津贴、补贴等。

工作时间，是指员工根据劳动合同的约定，在用人单位工作或生产的时间。在本次调查中，我们更为关注除了劳动合同之外的加班时间，因为我们认为加班时间的长短会在一定程度上影响员工对工作环境的评价。

工作与生活的平衡，是指员工正确看待个人私生活同工作之间的关系，调和工作和私人生活之间的矛盾。之所以将其作为客观工作环境指数的因子之一，是因为我们认为私人生活对员工本人有重大意义，员工如果无法兼顾相互冲突的工作要求与私人生活而处于两难困境，将会对其工作行为带来负面影响。在经济飞速发展的中国，工作与生活的平衡已然成为员工工作满意度的重要参考方面，仅次于酬劳薪资。

在这里，如果员工能够拥有一个令其满意的物理工作场所，劳动时间适度，且所得的工资和报酬与其投入的能力、精力相匹配，还能同时兼顾私人生活，做到工作与生活的平衡，那么，我们就认为这是一个好的客观工作环境。

因此，本调查的客观工作环境指数由4个题器构成（见表3-1）。这些评价分为5个层次，"1"表示完全不赞同，"2"表示比较不赞同，"3"表示一般，"4"表示比较赞同，"5"表示完全赞同。其中，b3110 题"我经常加班工作"进行反向计分。4 个题器累积计分所得分值，记作该受访者在客观工作环境指数上的得分。分值越高，表明该受访者对自己目前所处的客观工作环境越满意。

表 3 – 1　客观工作环境指数的因子构成和题器设置

指数	因子	题器
客观工作环境	工作场所	b3121. 我对我的工作场所感到满意
	劳动报酬	b3107. 我的工资和报酬与我的付出和能力相适应
	工作时间	b3110. 我经常加班工作
	工作与生活的平衡	b3111. 生活琐事常让我无法集中精力工作

3.1.2　客观组织环境

除了透过一些表象评价工作环境之外，员工还可以将组织环境与其自身的交流、沟通作为评价参考之一。

不同于组织行为学中的组织环境，本次调查中的客观组织环境主要指与工作流程、组织人际关系、组织氛围相关的，影响个人工作行为和组织绩效的客观组织条件。一个良好的组织环境是组织生存和发展的基础和动力，同时也是推动员工工作行为的根本。据此，我们认为客观组织环境包含工作自主性、工作歧视和组织支持三个因子。

工作自主性，是指在工作过程中，员工自我感觉能够独立地控制自己的工作，包括决定工作方法、工作流程、工作任务等。如果员工可以自主地决定如何开展工作，这无疑在很大程度上，体现了工作单位对员工的信任和肯定，进而改善员工对工作单位的认同感以及对工作的投入程度。

从人力资源学的视角来看，工作歧视是基于性别、年龄、地区等因素而产生的所有区别、排斥，其后果是直接或间接损害员工就业的机会平等或待遇平等。本次调查主要集中探寻员工在工作过程中因性别和年龄所遭受的不平等待遇。

组织支持，是指员工在工作过程中获得的来自同事、领导、组织在工作方法或心理方面的鼓励等。我们认为，正向的组织支持，会提高员工对组织的满意程度，作为回报，员工也会提升自己对组织的忠诚度；相反，如果员工很少得到组织支持，则会降低对组织的心理承诺和工作表现，甚至产生离职倾向。

综上所述，在工作过程中，如果员工能够自主地决定如何开展工作、获得一定程度的来自组织或组织成员的支持并且得到与自身工作相匹配的平等的工作待遇的话，我们就认为这是一个好的客观组织环境。

客观组织环境指数由3个题器构成（见表3-2），计分方式与前述客观工作环境指数题器的计分方式相同。在本部分，考察工作歧视这一因子的题器"在工作中有时会遇到性别和年龄歧视"，需要反向计分。累积所得分值，记为客观组织环境指数。分值越高，客观组织环境越好。

表3-2　客观组织环境指数的因子构成和题器设置

指数	因子	题器
客观组织环境	工作自主性	b3113. 我可以按照自己的时间灵活安排工作任务
	工作歧视	b3105. 在工作中有时会遇到性别和年龄歧视
	组织支持	b3102. 工作中我会获得同事的帮助支持

3.1.3　主观心理环境

如果以员工个体为边界线来划分，那么我们可以把上述客观工作环境和客观组织环境划为外部环境，而对个体工作行为起决定性作用的则是其内部环境——主观心理环境。我们认为主观心理环境是指个体在工作的动态变化过程中所表现出来的心理现象。在本次调查中，我们选取了职业期望、工作压力、工作自尊、工作安全感和工作效能感五个因子来考察员工的主观心理环境。

职业期望，是员工对自己目前所从事工作的态度倾向。正向的职业期望会促使员工继续保持现在的工作行为。

工作压力，是指因工作负担过重、工作责任过大、工作时间过长等由工作或与工作直接有关的因素所造成的紧张状态。如果个体长期、反复处于较高的工作压力中，除了会引起失眠、疲劳、忧郁等一系列不良的生理反应外，还会增加对工作的不满，产生工作倦怠。

工作自尊是个体能不断地以一种有价值的方式应付工作挑战的能力状态。

本次调查我们讨论的是狭义的工作安全感，专指个人在工作中面临的与过去不同的尚未适应的状态。

工作效能感，是指个体对其达到工作目标所需能力的信念。高工作效能感的人在有限的工作时间内会完成更多的任务，获得工作成就感，从而推动之后的工作更积极有效。

由此可见，如果一个人对目前自己所从事的工作有积极正向的期望，工作任务和工作压力能够自如应付，在工作过程中体验到安全感、自我价值感，那么，我们就认为这是一个好的主观心理环境。

因此，本调查的主观心理环境指数由5个题器构成（见表3-3），计分方式如前述。需要注意的是，b3104题"我时常觉得工作压力大而感到很累"需要反向计分。累积分值得到主观心理环境指数得分，分值越高，主观心理环境越理想。

表3-3　主观心理环境指数的因子构成和题器设置

指数	因子	题器
主观心理环境	职业期望	b3109. 我的工作有良好的发展前景
	工作压力	b3104. 我时常觉得工作压力大而感到很累
	工作自尊	b3120. 我的工作能够体现我的个人价值
	工作安全感	b3112. 我不担心我会失业
	工作效能感	b3108. 我的工作让我有成就感

3.1.4 三个维度之间的相互关系

通过相关矩阵，具体考察工作环境指数三个维度之间的关系。表 3-4 显示，"客观组织环境"与"主观心理环境"两者之间有着比较密切的相关关系，相关系数达到了 0.387，说明那些在组织环境中获得一定工作自主性、受到平等对待、拥有同事支持的员工，对工作的主观满意度更高。此外，"主观心理环境"还与"客观工作环境"有着密切相关关系，相关系数也达到了 0.365，这反映出员工主观对工作的满意程度还在一定程度上取决于组织给员工提供了多么舒适的工作场所、合理的劳动报酬和工作时间，让其能够何种程度上兼顾工作与生活的关系。最后，矩阵还显示"客观工作环境"与"客观组织环境"之间也存在紧密关联，相关系数为 0.339，这也给我们一种假设：一个组织如果能够公平对待每一位员工、给他们工作上一定的自主性、提供必要的技术和精神支持，那么，这个组织在工作场所、劳动报酬上一定不差，且能让员工有时间应付工作生活上的冲突。

表 3-4　工作环境指数三维度的相互关系

	客观工作环境	客观组织环境	主观心理环境
客观工作环境	1	0.339**	0.365**
客观组织环境	0.339**	1	0.387**
主观心理环境	0.365**	0.387**	1

注：** 在 0.01 水平（双侧）上显著相关。

3.2　工作环境问卷题器与信效度检验

在选取工作环境三个维度的操作化测量工具后，开始进行调查问卷的设计工作，以及对初步设计的问卷进行效度和信度检验。效度检验检验问卷的内容效度、表面效度和结构效度；信度检验检验问卷的重测信度和 Cronbach's α 系数。

3.2.1 效度检验

效度是指测量的有效性，即准确测量出所要测量的特性或功能的程度，关注调查问卷在多大程度上测量出了客观工作环境、客观组织环境与主观心理环境。

3.2.1.1 内容效度

对内容效度的评定采取德尔菲法。由 8 位专家反复评定问卷（2~4 轮），回收意见后，进一步修改问卷，最终确定问卷。

3.2.1.2 表面效度

以方便取样为原则，随机选择已经工作的 30 名员工填答问卷，问卷填答完成后请被试者反馈对问卷问题的意见和建议。进一步解释研究内容，与被试者进行头脑风暴，听取意见并修改。

在问卷基本形成后，进行了 2 次预调查，2014 年 3 月抽取重庆地区抽样框中的 80 个样本，2014 年 5 月抽取河北地区抽样框中的 64 个样本。通过对预调查数据进行处理，发现其中的逻辑问题，对问卷题项进行更改。

3.2.1.3 结构效度

（1）鉴别度分析

将每个项目与所属维度的总分做相关分析，考察各项目的鉴别度。如果具有相关性，那么项目的鉴别度较高。以下是应用第 2 次预调查数据做出的客观工作环境、客观组织环境、主观心理环境三维度总分与各题项之间的相关系数（见表 3 - 5、表 3 - 6、表 3 - 7），各题项与总分相关性较高，题项设置合理。

表 3 - 5　客观工作环境量表中各题项与总分间的相关系数

	工作环境总分
工作环境总分	1.0000

续表

	工作环境总分
b3121. 我对我的工作场所感到满意	0.5918 *
b3107. 我的工资和报酬与我的付出和能力相适应	0.6107 *
b3110. 我经常加班工作	0.7435 *
b3111. 生活琐事常让我无法集中精力工作	0.6313 *

* 在 0.05 水平（双侧）上显著相关；** 在 0.01 水平（双侧）上显著相关。余同。

表 3-6 客观组织环境量表中各题项与总分间的相关系数

	工作环境总分
工作环境总分	1.0000
b3113. 我可以按照自己的时间灵活安排工作任务	0.7213 *
b3105. 在工作中有时会遇到性别和年龄歧视	0.7003 *
b3102. 工作中我会获得同事的帮助支持	0.5511 *

表 3-7 主观心理环境量表中各题项与总分间的相关系数

	工作环境总分
工作环境总分	1.0000
b3109. 我的工作有良好的发展前景	0.7022 *
b3104. 我时常觉得工作压力大而感到很累	0.7630 *
b3120. 我的工作能够体现我的个人价值	0.7329 *
b3112. 我不担心我会失业	0.7484 *
b3108. 我的工作让我有成就感	0.7190 *

（2）因子分析

利用因子分析检验问卷的结构效度。根据研究设计，将工作环境分为客观工作环境、客观组织环境和主观心理环境三个维度。使用第 2 次预调查数据，对工作环境量表经过 KMO 和 Bartlett 检验，具有因子分析的显著性。描绘碎石图，认为提取三个因子与数据符合，与预设的工作环境的三个维度相一致（图 3-2）。进一步进行因子提取，因子所落题项与设计的三个维度完全符合（表 3-8）。

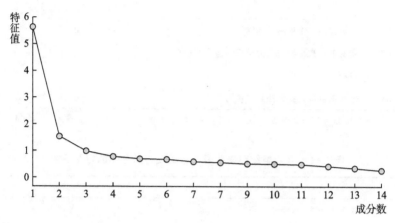

图 3-2　工作环境各题项的因子分析碎石图

表 3-8　工作环境各题项的正交因子旋转结果

题项	因子		
	客观工作环境	客观组织环境	主观心理环境
b3109. 我的工作有良好的发展前景			0.697
b3104. 我时常觉得工作压力大而感到很累			0.788
b3120. 我的工作能够体现我的个人价值			0.682
b3112. 我不担心我会失业			0.526
b3108. 我的工作让我有成就感			0.331
b3113. 我可以按照自己的时间灵活安排工作任务		0.737	
b3105. 在工作中有时会遇到性别和年龄歧视		0.719	
b3102. 工作中我会获得同事的帮助支持		0.743	
b3121. 我对我的工作场所感到满意	0.791		
b3107. 我的工资和报酬与我的付出和能力相适应	0.743		
b3110. 我经常加班工作	0.830		
b3111. 生活琐事常让我无法集中精力工作	0.756		

注：[a]提取方法：主成分分析法；因子旋转：Kaiser 最大方差法；迭代：5 次。

3.2.2 信度检验

信度反映测量的稳定性与异质性，调查问卷的信度指问卷调查结果的稳定性和一致性，反映了所得结果的可靠性。

3.2.2.1 重测信度检验

再测信度（test-retest）是外在信度，指使用同样的问卷对同一组调查对象进行重复测试，计算两次测试结果的相关程度。在第 2 次预调查中，选择目标群体中的小群体 15 人，两次发放问卷进行填答，间隔 1 周，统计两次数据结果的一致性和相关性为0.872，再测信度高于 0.7，反映了问卷结果的稳定性符合要求。

3.2.2.2 Cronbach's α 系数

Cronbach's α 系数是目前计算利克特量表的信度系数最为常用的指标，检验了量表题项的内部一致性信度，估计了信度的最低限度。对第 2 次预调查数据的工作环境量表进行 Cronbach's α 系数检验，量表中 12 个题项的 Cronbach's α 系数均为 0.883，系数高于0.7，具有较好的信度。

根据上述效度和信度检验结果，对问卷进行多次修改，确定调查问卷的最终版本。

3.3 抽样方法与数据收集

在完成问卷设计后，进一步进行抽样和数据的收集。以下是对抽样方法和数据收集步骤的描述。

3.3.1 抽样方法

"抽样调查中，由研究目的决定的研究对象称为目标总体，实际包含在抽样框中的所有抽样单位称为被抽样总体。抽样总体与目标总体应当具有一致性，抽样框应当最大限度地包含目标总体。"（傅青叶，2003）但是，在现实当中，抽样总体与目标总体的一致性是很难达到的，抽样框的选择也需要遵循最大辅助信息量和最小成本原则。

本研究考察城市居民工作环境的现状，借助"社会发展与社会态度（2014）"调查的全国大规模抽样调研之力，将工作环境量表放入本次社会发展与社会态度调查问卷中，一并进行。调查的目标总体为中国大陆城市居民。此处，"城市居民"的操作性定义为，中国大陆直辖市、地级市、县级市中居住在社区（居委会）辖区中的 16 岁及以上人口。

样本获取采取多阶抽样，如图 3 - 3 所示。首先，确定出 60 个县级行政区（市辖区、县级市）作为一级抽样单位（primary sampling unit，PSU）；接着，在抽中的 PSU 中随机抽取 9 个社区（居委会）作为二级抽样单位（second sampling unit，SSU）；之后，在抽中的 SSU 中按定距方式抽取 15 个家庭户作为三级抽样单位（third sampling unit，TSU）；最后，在抽中的 TSU 中由访问员采用随机数表（Kish 表）在 16 岁以上的家庭成员中抽选 1 人作为被调查对象（ultimate sampling unit，USU）。

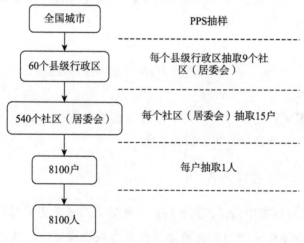

图 3 - 3　抽样流程说明

通过以上多阶抽样，我们得到8100个样本，筛除其中无职业者/退休人员/待业人员，获得目前正处于就业状态的有效样本4207个。这些有效样本来自以下就业单位：党政机关及其派出机构、事业单位、社会团体、企业、居委会/村委会、自由职业者、个体工商户/自营职业者。接着，我们在这4207个样本中，将在企业工作的样本提取出来，最终形成本部分调查数据（N = 1909）。

3.3.2 数据收集

调查的执行工作是通过公开招标方式，委托商业性的专业调查机构负责执行的。在执行过程中，调查组通过督导进行了较为严格的质量控制。

3.3.2.1 前期准备

所有参与项目的人员必须参加过基础培训，内容包括讲解户内抽样方法、问卷内容、访问员手册、相关物品的使用等。访问员必须熟悉并能正确填写相关表格，在参加项目培训、模拟访问、试访合格后方可参与项目正式执行。

3.3.2.2 走访并填写问卷数据

由经过培训的被委托商业性专业调查机构的访问员，根据上述多阶抽样所得的调查对象，深入街道、社区、住户，找到抽样个体，完成本次调查问卷，参与问卷填答者赠送价值5～10元的礼品。同时，获得调查对象的联系方式，以便后期的数据复核。

3.3.3.3 陪访

本地执行城市访问员陪访率≥30%；异地执行城市访问员陪访率≥50%；新访问员陪访率≥100%。凡陪访样本须认真填写陪访报告。

3.3.3.4 复核

为了检测在调查过程中，访问员是否以及在多大程度上按照访问规程进行了调查，以及对数据质量进行控制，我们对被访者进行了10%比例的回访。根据调查问卷中被访者是否留有联系方式，对每个市/区留有联系方式的受访者进行了等比例的随机抽取，共抽取回访样本800份。此外，50%的访问要求录音，调查结束后对20%的录音进行了复核，以保证数据的真实性。

3.4　城市居民工作环境总体分析与讨论

3.4.1　工作环境指数及三维度的结果分析

根据上述理论假设和验证性因素分析的结果，本次城市居民工作环境满意度调查从客观工作环境（包括工作时间、劳动报酬、工作场所和工作与生活的平衡四个因子）、客观组织环境（包括工作自主性、工作歧视和组织支持三个因子）、主观心理环境（包括职业期望、工作压力、工作自尊、工作安全感、工作效能感五个因子）三个维度构成了受访者总的工作环境指数。2014年城市居民工作环境指数为63.06分（总分为100分，分值越高表示对工作环境越满意），标准差为8.155，呈现负偏态（见图3-4）。这表明，2014年城市居民对工作环境总体满意度一般。

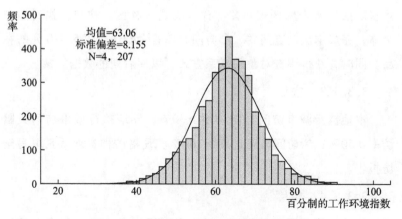

图3-4　2014年工作环境指数的正态分布

其中，客观工作环境的贡献值为 21.02，客观组织环境的贡献值为 15.76，主观心理环境的贡献值为 26.28（见图 3-5）。

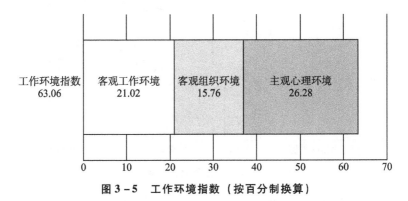

图 3-5　工作环境指数（按百分制换算）

按原始分统计，工作环境指数与其三维度的均值等总体情况见表 3-9。

表 3-9　工作环境满意指数及其三维度的总体情况（百分制）

	客观工作环境	客观组织环境	主观心理环境	工作环境指数
均值（Mean）	63.00	64.33	62.38	63.06
最小值（Minimum）	20.00	20.00	20.00	28.33
最大值（Maximum）	100.00	100.00	100.00	98.33
标准差（Std. Deviation）	10.59	11.54	10.63	8.15
总分（Total）	100.00	100.00	100.00	100.00
有效数据量（Number）	4512	4611	4378	4207

其中，在客观工作环境的评价上，城市居民对自身工作场所的满意指数较高（66.99 分），依次是劳动报酬（满意指数为 64.26 分）、工作与生活的平衡（满意指数为 62.40 分），对工作时间的满意指数最低，仅为 58.86 分（见图 3-6）。

统计显示（见图 3-7），对"我经常加班工作"该题的回答中，4207 名受访中不同程度表达赞同的比例高达 71.4%（其中，完全赞同占 9.5%、比较赞同占 23.8%、一般赞同占 38.1%），这

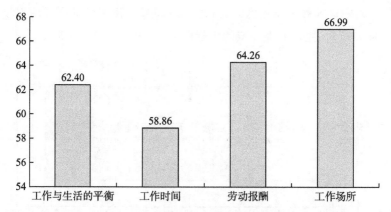

图 3 - 6 客观工作环境各指标的均值

使其成为城市居民个体对客观工作环境评价中满意指数最低的一项。由此可见，目前城市居民工作中，加班现象已然成为非常普遍的职场现状。

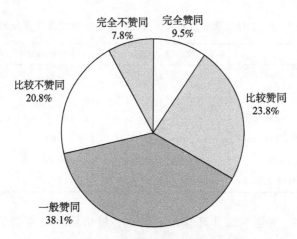

图 3 - 7 加班工作的认同比例分布

其次，本次调查中城市居民客观组织环境满意指数为 64.33，其中按照各因子得分高低依次为：组织支持因子 70.98 分、工作自主性因子 62.54 分、工作歧视因子 59.69 分（见图 3 - 8）。

仔细分析代表工作歧视的题项"在工作中有时会遇到性别和年龄歧视"，我们可以发现，在 4207 名受访者中，5.7% 表示"完

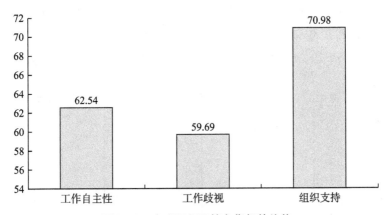

图 3-8　客观组织环境各指标的均值

全赞同"工作中会遇到性别与年龄歧视的境况、26.8%表示"比较赞同"、38.2%表示"一般赞同",比例较高（见图 3-9）。这从一个侧面说明,尽管当今中国通过《劳动法》等法规条例保障公民公平享有工作权,但是在实际工作场所中和具体工作岗位上,仍然存在性别和年龄歧视,影响城市居民对工作环境的满意度。

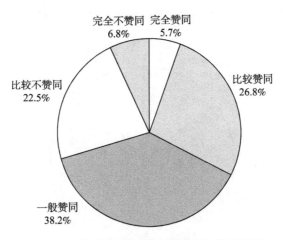

图 3-9　工作中性别和年龄歧视的认同比例分布

　　除了客观工作环境与客观组织环境之外,对个体工作环境指数影响最大的是个体主观感受。在分析城市居民主观心理环境的时候，我们发现，个体的职业期望、工作压力、工作自尊、工作安全感和工作效能感五个因子上的得分分别为 62.97、51.99、68.11、62.70、65.45（见图 3-10），分数越高满意度越高。

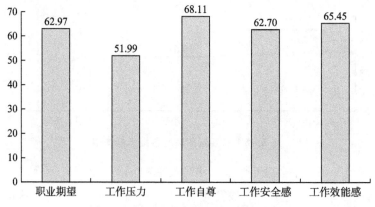

图 3-10 主观心理环境各指标的均值

其中，工作压力的得分最低，具体分析该指标的题器"我时常觉得工作压力大而感到很累"，高达 4065 名受访者表达了不同程度的认同，占总受访者的 85.6%（见图 3-11）。

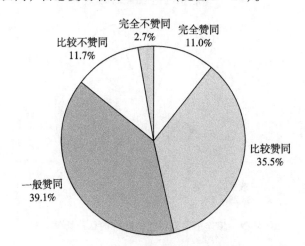

图 3-11 工作压力的认同比例分布

3.4.2 讨论

3.4.2.1 城市居民工作环境总体状况讨论

城市居民对其工作环境总体较为满意，二代农民工群体与持城镇户口的企业员工在工作环境的主观感受上有统计学意义上的显著差异。

本次调查结果表明，目前城市居民对自己所处的工作环境总体上还是较为满意的。分别具体考察农民工群体（因本次调查对象是城市居民，因此持农村户口的受访者，即在城市打工的农民工，以下简称为"农民工"）与城市员工群体（持非农户口的受访者），他们的工作环境指数分别为 62.65 分（农民工）和 63.22 分（持城镇户口的员工）。即便从指数上看，农民工的工作环境指数也略低于城市员工，在统计分析上也显示出二者在工作环境体验上的显著差异（F = 4.128，Sig. = 0.042）。这表明，尽管城市居民在自己所处的工作环境总体上的满意度表现为较为满意，但细分起来，目前持有农村户口在城市打工的农民工与持城市户口的企业员工在工作体验上还存在差异。这一方面反映出我国城镇化进程的积极效果和有待推进的空间，另一方面也说明了对二代农民工身份认同仍需要给予制度、政策以及文化上的包容。

本次受访的样本中，20 世纪 80 年代、90 年代出生的农民工所占比重较大（25 ~ 34 岁占 38.5%、35 ~ 44 岁占 24.4%、15 ~ 24 岁占 17.9%），在学界，我们常把他们称为"二代农民工"。不同于第一代农民工，二代农民工很可能在幼年时期就跟随父母进入城市，或者他们就在城市出生，他们在生活方式、思想意识层次上与城市人虽然没有太大差异，但是户籍问题造成身份的区分，进而使他们对工作环境的主观体验存在一些差异。然而，在城镇化进程不断加速的这些年里，城市对农民工的接纳与包容程度也在逐渐提升。在就业领域，企业单位选拔员工也更多关注员工自身的技术和素质，而非把户口类型放在第一位。尽管学界普遍认为，农民工的城市融入和身份认同仍然是城镇化进程中的一大难题，但是从工作环境的主观体验的角度上来讨论，问题则转移到企业在用工问题上要给二代农民工创设更多有益的工作条件，以匹配他们逐渐城市化的认知上。如果企业仍然沿用20世纪90年代密集型企业的用工制度，"富士康的连跳"悲剧还会重演。

3.4.2.2 工作环境三维度中各题器的讨论

加班现象、工作歧视、工作压力大是拉低城市居民对工作环境满意度的重要因素。

尽管从总体来看，城市居民对工作环境的满意度尚可，但是具体剖析各个考察因子发现，71.4%的受访者反映在工作中存在不同程度的加班现象，70.7%的受访者在工作中遇到过性别和年龄歧视，还有高达85.6%的受访者觉得工作压力大而时常感到很累。

首先，调查结果显示，在"我经常加班工作"题器上，农民工群体的得分为57.40，城市员工的得分为59.44（分值越低，加班现象越严重），且F值为8.497，Sig.值为0.004。这表明，在加班现象上，农民工群体显著高于城市员工。这一结果与其所从事的工作的性质有密切关联。现实中，城市中的农民工往往从事与体力相关的简单工作，基本工资往往不高，这就决定了农民工想要拿到满意的薪水，只能选择超时加班工作，这亦成为农民工的"生存之道"。尽管超时工作给农民工带来了短暂的收益，为企业创造了超额利润，但是长期超负荷的工作和过度疲劳，也会给农民工的身心健康带来很大危害。

其次，在工作中遭遇到性别和年龄歧视也是拉低城市居民工作环境满意度的因素之一。尽管我们认为现代城市的劳动力市场更趋于公平化，但是本次调查结果却显示高达70.7%的受访者仍然遭受过不同程度的来自性别或年龄的工作歧视。这也就是说，在工作中性别、年龄歧视是较为普遍的，并不局限于某一特定人群。究其原因，我们认为，这与中国目前仍处于人口红利时期有密切关系。有调查显示，目前中国城镇每年新增劳动力近千万，农村剩余劳动力2亿多。据预测，2016年中国15~64岁劳动年龄人口将达到峰值10.1亿，2020年仍高达10亿左右。[①] 这预示着在相当长的时期内，中国都不会缺少劳动力。如此，在劳动力市场供大于求的现状下，必然出现择优，从而导致就业难或一定程度上的工作歧视等社会问题。

最后，随着城市生活节奏日益加快，现代都市人体验到的工作压力也在增大，严重影响着城市居民对工作环境的满意度。数据分析显示，工作压力越大，城市居民的工作环境满意度越低，且二者存在显著差异（$F = 141.610$，$Sig. = 0.000$）。进一步考察发现，这种工作压力在农民工和城市员工之间并不存在显著差异（$F = 2.394$，$Sig. = 0.122$）。这表明，城市居民对自己工作环境是否满意，在很大程度上受到这项工作给其带来多大的工作压力的影响，并且，对于这种压力，无论是农民工还是城市员工都是深有感触的。这一结果从一个侧面反映了现代都市人的生存现状。工作超负荷、职业发展期望、家庭经济支持、人际纠纷、住房问题等带来的压力，纷纷在人们所从事的工作这一点上汇集。在这里，工作除了是城市居民实现个人事业目标的途径之外，还被赋予了更多额外诉求：人们期望在工作中还能获得理想的经济收入、积累良好的人脉等，以供其家庭、子女、个人需求的满足。这使人们在工作中感受到的压力变得愈来愈大，这样一来，要么裹足不前、抑郁成疾，要么过度工作，导致"过劳死"的社会现象。因此，工作压力大已然成为影响都市人生存的一大杀手。

---

① 参见《中国的年龄歧视》，http://blog.sina.com.cn/s/blog_443da72e0100efe9.html，2009年6月26日。

3.5 城市居民工作环境的人口学变量分析与讨论

3.5.1 人口学变量的影响结果分析

在这个部分，我们将通过重要的人口学变量（性别、年龄、民族、户口性质、收入水平、受教育程度等）来分析城市居民工作环境指数上的差异。

3.5.1.1 性别/年龄/婚姻状况/民族/宗教信仰的差异分析

在对受访者的自然特征进行初步分析中（见表3-10）我们发现，工作环境指数在性别（F = 0.165，Sig. = 0.685）、婚姻状况（F = 1.198，Sig. = 0.307）、民族（F = 0.028，Sig. = 0.868）和宗教信仰（F = 0.024，Sig. = 0.878）上不具有统计学意义上的显著差异。

表3-10 工作环境指数在自然特征变量上的差异性

		均值（Mean）	样本数（N）	差异显著性
性别	男性	63.11	2023	F = 0.165，df = 1，Sig. = 0.685
	女性	63.00	2180	
年龄	75岁及以上	63.18	22	F = 2.755，df = 6，Sig. = 0.011
	65~74岁	65.85	69	
	55~64岁	63.93	354	
	45~54岁	63.30	763	
	35~44岁	62.74	1149	
	25~34岁	62.76	1383	
	15~24岁	63.23	463	
婚姻状况	未婚单身	63.28	742	F = 1.198，df = 5，Sig. = 0.307
	同居	63.23	49	
	已婚	62.96	3306	
	离婚	64.41	76	
	丧偶	65.73	25	

		均值（Mean）	样本数（N）	差异显著性
民族	汉族	63.07	4050	F = 0.028，df = 1，
	少数民族	62.96	155	Sig. = 0.868
宗教信仰	信教	62.98	233	F = 0.024，df = 1，
	不信教	63.07	3959	Sig. = 0.878

（1）男性的客观工作环境指数显著高于女性

但是，如果我们具体考察上述人口变量与工作环境指数中客观工作环境、客观组织环境和主观心理环境的三个维度之间的关系时，我们发现它们之间存在着统计学意义上的显著差异。数据分析的结果显示（见图3-12），在主观心理环境指数上，男性与女性的差异性并不显著。而在客观工作环境指数上，男性62.31＜女性63.64，且F = 17.576，Sig. = 0.000，这说明，男性受访者对客观工作环境的满意程度显著低于女性受访者。在客观组织环境指数上，男性64.68＞女性63.99，因F = 4.060，Sig. = 0.044，男性受访者对客观组织环境的满意度显著高于女性受访者。

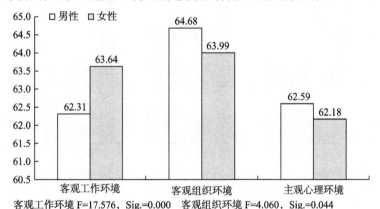

客观工作环境 F=17.576，Sig.=0.000　客观组织环境 F=4.060，Sig.=0.044
主观心理环境 F=1.607，Sig.=0.205

图3-12　工作环境指数的三因子在性别上的均值分布及显著性

（2）客观工作环境指数在年龄上存在显著差异

如表3-10所示，工作环境指数在年龄上存在显著差异（F =

2.755，Sig. = 0.011）。这种差异体现为：随着年龄的增加，城市居民的工作环境指数呈现出波动上升的态势。在具体分析构成城市居民工作环境指数的三个维度时，我们发现（见图3-13），年龄在客观组织环境（F = 0.756，Sig. = 0.605）上差异并不显著，但在主观心理环境（F = 2.448，Sig. = 0.023）、客观工作环境（F = 7.483，Sig. = 0.000）上存在不同程度的显著差异。

在深入分析不同年龄阶段在客观工作环境上的差异时，我们发现（见图3-14），初入职场的15~24岁受访者在该因子上得分为62.56（分数越高，客观工作环境的满意度越高），25~34岁受访者的得分低至62.07分，35~44岁、45~54岁、55~64岁、65~74岁受访者的得分逐渐从62.93开始爬升至66.60，呈现出随年龄增加，受访者对客观工作环境的满意度不断上升的趋势。并且F = 7.483，Sig. = 0.000，这表明客观工作环境满意度在年龄上呈现显著差异。

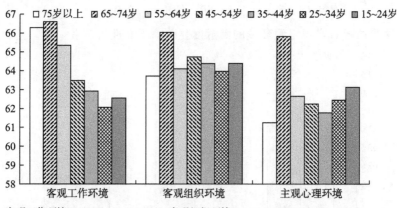

客观工作环境 F=7.483，Sig.=0.000　客观组织环境 F=0.756，Sig.=0.605
主观心理环境 F=2.448，Sig.=0.023

图3-13　工作环境指数的三因子在年龄上的均值分布及显著性

3.5.1.2　户口性质/收入水平/受教育程度的差异分析

在对受访者的一些社会特征变量（户口性质、户口所在地、家庭月收入、个人月收入、受教育程度）进行分析时发现（见表3-

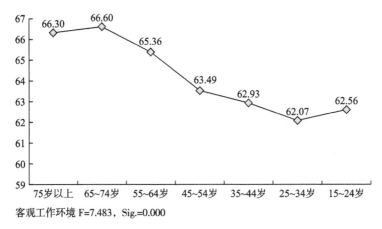

客观工作环境 F=7.483，Sig.=0.000

图 3 - 14　客观工作环境在年龄上的差异性

11），受访者的工作环境指数在家庭月收入（F = 3.126，Sig. =
0.002）、个人月收入（F = 10.706，Sig. = 0.000）、受教育程度
（F = 12.665，Sig. = 0.000）、户口性质（F = 4.128，Sig. = 0.042）
上呈现出显著差异。

表 3 - 11　工作环境指数在社会特征变量上的差异性

		均值（Mean）	样本数（N）	差异显著性
户口性质	农业户口	62.65	1180	F = 4.128，df = 1，Sig. = 0.042
	非农业户口	63.22	3022	
户口所在地	本市县	63.07	3633	F = 0.055，df = 1，Sig. = 0.815
	外市县	62.98	564	
家庭月收入	3000 元及以下	62.37	428	
	3001 ~ 6000 元	62.45	1701	
	6001 ~ 8000 元	63.02	776	
	8001 ~ 10000 元	63.43	440	
	10001 ~ 20000 元	64.03	297	F = 3.126，df = 8，Sig. = 0.002
	20001 ~ 30000 元	67.22	27	
	30001 ~ 40000 元	63.00	5	
	40001 ~ 50000 元	68.33	4	
	50001 元及以上	64.11	15	

		均值（Mean）	样本数（N）	差异显著性
个人月收入	1000 元及以下	62.22	57	F = 10.706，df = 6，Sig. = 0.000
	1001 ~ 2000 元	62.19	701	
	2001 ~ 3000 元	62.51	1309	
	3001 ~ 5000 元	62.98	1133	
	5001 ~ 7000 元	65.69	265	
	7001 ~ 10000 元	66.27	104	
	10001 元及以上	66.62	36	
受教育程度	没有受过任何教育	53.63	28	F = 12.665，df = 8，Sig. = 0.000
	小学	61.16	191	
	初中	62.27	951	
	高中	62.82	1094	
	中专技校	63.48	476	
	大学专科	63.47	832	
	大学本科	64.58	562	
	研究生及以上	67.21	67	

（1）工作环境指数在家庭月收入上呈现显著的波动上升趋势

具体分层考察家庭月收入（见图 3 - 15）时，我们发现了家庭月收入从 3000 元及以下到 2 万元的受访者在工作环境指数上匀速增长的趋势，尽管家庭月收入为 2 万元以上的受访者在工作环境指数上有较大波动，但是仍然是波动增长的趋势。加之 F = 3.126，Sig. = 0.002，这表明受访者在家庭月收入这一社会特征变量上的差异显著。上述波动上升趋势也在主观心理环境因子上出现了类同，家庭月收入为 2 万元及以下的受访者在主观心理环境上呈现匀速上升、家庭月收入在 2 万元以上的受访者在主观心理环境上呈现波动上升趋势，F = 5.272，Sig. = 0.000，差异显著。

（2）工作环境指数随着个人月收入的增加呈现显著的匀速上升趋势

从个人月收入考察发现（见图 3 - 16），处于不同收入段的受

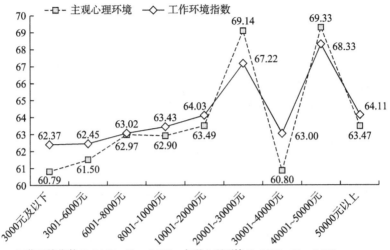

工作环境指数 F=3.126，Sig.= 0.002　主观心理环境 F=5.272，Sig.=0.000

图3-15　工作环境指数和主观心理环境在家庭月收入上的差异性

访者的工作环境指数都一般，但随着受访者个人月收入的不断增加呈现出显著的上升趋势（F = 10.706，Sig. = 0.000）。具体分析三个因子发现，受访者在客观工作环境（F = 3.520，Sig. = 0.002）、客观组织环境（F = 6.915，Sig. = 0.000）和主观心理环境（F = 15.701，Sig. = 0.000）上的指数均呈现出显著的匀速上升趋势。

（3）工作环境指数在受教育程度上呈现显著的波动上升趋势

具体分析拥有不同教育背景的受访者在工作环境指数上的得分发现（见图3-17），随着受访者受教育水平的提高，其工作环境指数呈现出显著增加的趋势（F = 12.665，Sig. = 0.000）。分别考察工作环境指数的三个因子（客观工作环境、客观组织环境和主观心理环境）发现，三个因子上的得分也同样在受教育程度上呈现出显著上升的趋势。

（4）农村户口受访者的客观工作环境满意度显著低于非农村户口受访者

表3-11表明，受访者的工作环境指数在户口类型上并不存在太显著的差异（F = 4.128，Sig. = 0.042）。尽管如此，具体考察工

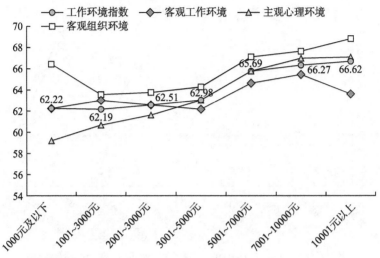

工作环境指数 F=10.706，Sig.=0.000　客观工作环境 F=3.520，Sig.=0.002
客观组织环境 F=6.915，Sig.=0.000　主观心理环境 F=15.701，Sig.=0.000

图 3-16　工作环境指数及其三因子在个人月收入上的差异性

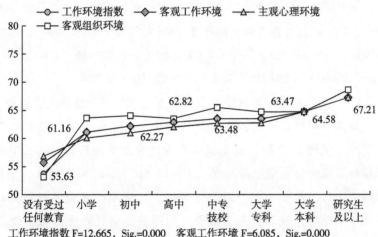

工作环境指数 F=12.665，Sig.=0.000　客观工作环境 F=6.085，Sig.=0.000
客观组织环境 F=6.205，Sig.=0.000　主观心理环境 F=10.681，Sig.=0.000

图 3-17　工作环境指数及其三因子在受教育程度上的差异性

作环境指数的三个因子（客观工作环境、客观组织环境和主观心理环境）发现，受访者的客观组织环境指数（F = 2.222，Sig. =

0.136）、主观心理环境指数（F = 3.364，Sig. = 0.067）在户口类型上不存在显著差异。但是，在客观工作环境指数上，农村户口受访者的得分（均值为 62.03 分）显著低于非农村户口受访者（均值为 63.37 分），F = 14.710，Sig. = 0.000（见图 3 – 18）。

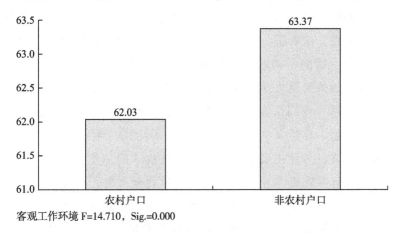

客观工作环境 F=14.710，Sig.=0.000

图 3 – 18 客观工作环境指数在户口类型上的均值分布

3.5.2 讨论

3.5.2.1 性别差异讨论

男性对客观工作环境的满意度显著低于女性，加班现象显著出现于男性群体。

总体来看，工作环境指数在男女性别上并不存在显著差异。具体考察三个因子是否存在性别差异发现，男女在评价客观工作环境上出现了显著差异（男性显著低于女性，F = 17.576，Sig. = 0.000），而在主观心理环境指数上差异却并不显著。这在一定程度上可以反映男女在评价工作中的不同取向。女性多看重工作的物理条件，如工作场地的面积是否足够大、配套设施是否齐全、自然条件是否舒适等，而男性则不同，他们更在乎工作任务本身是否能够体现其自身价值，满足其经济需求、个人发展和成就感等。

具体考察客观工作环境指数的四个题器（工作时间、劳动报酬、工作场所和工作与生活的平衡）在性别上的差异发现（见表 3－12），男性与女性在工作场所、劳动报酬两个题器上并不存在显著差异，但是，二者在工作时间（F＝49.500，Sig.＝0.000）和工作与生活的平衡（F＝5.764，Sig.＝0.016）上却差异显著。依据工作时间的题器"我经常加班工作"上的均值分布可知，男性得分显著低于女性。这表明，加班现象显著出现于男性群体，而非女性。在工作与生活的平衡题器"生活琐事常让我无法集中精力工作"上，女性得分显著大于男性，也就是说，女性更难于平衡工作－生活的关系。我们认为，这源于男性、女性在家庭中的责任分工有密切关联。在当今中国家庭中，仍然延续着"男主外、女主内"的分工模式，男性主要承担着家庭经济收入的主要责任，女性则负责打理日常家务和生育儿女。这导致比起女性，男性的工作内驱力更大。再加上男性在身体素质上天生优于女性，拥有更加强健的体魄和旺盛的精力，这就使男性在职场上的工作时间更长、劳动强度更大，以此获取更多的劳动报酬，从而供给家庭。

表 3－12　客观工作环境四个题器的性别差异显著性

		均值（Mean）	样本数（N）	差异显著性
工作场所	男	66.68	2256	F＝1.377，df＝1，Sig.＝0.241
	女	67.27	2456	
劳动报酬	男	64.55	2267	F＝1.298，df＝1，Sig.＝0.255
	女	63.97	2445	
工作时间	男	56.57	2242	F＝49.500，df＝1，Sig.＝0.000
	女	61.00	2428	
工作与生活的平衡	男	61.70	2245	F＝5.764，df＝1，Sig.＝0.016
	女	63.03	2431	

3.5.2.2　年龄差异讨论

25～34 岁城市居民对客观工作环境满意度最低，显著表现在超时工作和工作与生活失衡两方面。

上述数据分析，年龄在客观组织环境上并无显著差异，但是在客观工作环境和主观心理环境指数上却出现显著差异，即职场新人与退休返聘再工作的群体对客观工作环境的满意度显著较高，而适龄劳动人口却对客观工作环境满意度较低，25~34 岁人群的满意度达到最低点。为了探究其原因，我们具体分析了客观工作环境指数的四个题器（工作场所、劳动报酬、工作时间、工作与生活的平衡）。结果显示（见图 3－19），在工作时间、工作与生活的平衡两个题器上出现了非常显著的年龄差异。在工作时间上，随着年龄的降低，分值逐渐下降，25~34 岁降到最低点，仅为 56.31 分。根据题器的表述"我经常加班工作"可知，25~34 岁的城市居民是加班现象的高发人群。另外，在工作与生活的平衡上，随着年龄的降低，分值也逐渐下跌，同样在 25~34 岁降至最低点，仅为 60.85 分，15~24 岁的职场新人也维持在这一低分段上。根据题器表述"生活琐事让我无法集中精力工作"可知，15~34 岁的城市居民较难处理工作与生活的两难问题。从职业生涯发展来看，25~34 岁正处在事业的上升期，而从个人人生发展来看，他们也处于组建家庭、生儿育女的年龄。工作上的发展需求和家庭责任双双压在这群 80 后、90 后职场中坚力量和生力军身上，导致负担过重，从而出现对工作时间和工作与生活平衡不满的现象。

3.5.2.3 收入差异讨论

家庭月收入较高的成功人士主观心理环境满意度不高。

根据上述数据分析可知，一方面，工作环境指数在家庭月收入上呈现出显著的波动上升趋势，且这种趋势显著体现在主观心理环境指数上。另一方面，通过均值比较也发现，随着收入逐渐增加，无论是主观心理环境指数还是总的工作环境指数都随之上升，但是均在家庭月收入为 30001~40000 元这个阶段突然下跌，随后才重新爬升。为了分析下跌原因，首先，我们通过本次受访者家庭月收入的频次分析发现，家庭月收入处于 30001~40000 元的

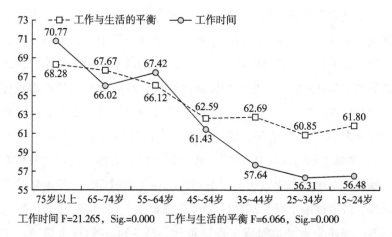

工作时间 F=21.265，Sig.=0.000　工作与生活的平衡 F=6.066，Sig.=0.000

图 3 - 19　工作时间和工作与生活的平衡在年龄上的均值分布

城市居民的累积百分比为 99.3%，这就意味着本次调查中 99.3% 受访者的家庭月收入都低于 30000 元。相对而言，这个收入段的城市居民属于高收入人群，为何工作环境满意度这么低呢？接着，我们考察了主观心理环境的五个题器（职业期望、工作压力、工作自尊、工作安全感和工作效能感），如图 3 - 20 所示，家庭月收入如此高的城市居民在职业期望和工作效能感上显著低于其他收入人群，工作效能感均值低至 60.00 分（F = 4.865，Sig. = 0.000），职业期望低至 56.00 分（F = 9.146，Sig. = 0.000）。据此，我们找到了问题的答案。家庭月收入在 3 万～4 万元的城市居民，往往在职场上都属于中上层管理人员，他们拥有足够的工作经验、精炼的业务能力、较高的收入，从而稳坐社会阶层的上流，算是职场中的成功人士。但是，也正是因为他们具有强大的工作应对能力，因此，往往能够轻松应对现有的工作任务。长此以往，这类成功人士渐渐会感到现有工作无法让其才能充分施展，很难在一成不变的工作中体验到成就感和满足感，进而慢慢对工作前景丧失信心。正因如此，这类已达到职业生涯一定高度的人群在评价工作环境时，在主观心理环境上得分突降，进而影响其总体工作环境满意度。这在上述的社会分层差异上也可见一斑。

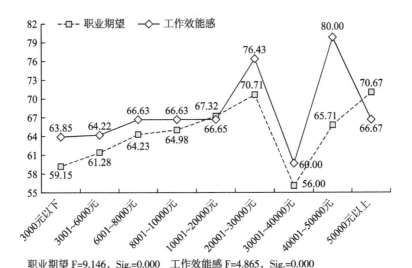

职业期望 F=9.146，Sig.=0.000　工作效能感 F=4.865，Sig.=0.000

图 3 - 20　职业期望和工作效能感在家庭月收入上的均值分布

3.5.2.4　受教育程度差异讨论

大学专科学历员工工作环境满意度较低。

由上述数据分析可知，从总工作环境指数及其三维度的总体走势来看，随着受教育程度的提高，城市居民的工作环境满意度呈现出匀速上升的趋势。但是，在这种上升趋势中，工作环境指数在大学专科这一学历水平上却出现了下跌，显著低于中专学历的城市居民（中专学历的工作环境指数为 63.48 分，大学专科为63.47 分，大学本科为64.58 分）。为了探究为何大学专科学历背景的城市居民的得分低于中专学历的城市居民，我们仔细考察了工作环境指数的各个题器。结果发现，在劳动报酬方面，专科学历城市居民的月收入与中专学历群体差距不大，基本上都在 2000 ~ 3000元。对此，在学历水平上稍高的专科背景城市居民显然产生了不满足感，专科学历城市居民对劳动报酬的满意度（64.42 分）显著低于中专技校学历的群体（64.94 分）（F = 3.415，Sig. = 0.001）。其次，在组织支持方面，中专技校学历的城市居民也较满意"在工作会获得同事的帮助支持"，而专科学历群体对组织支持的满意度却显著较低（F = 7.286，Sig. = 0.000）。再次，专科学历的城市居民明显感觉到比中专技校学历者更多的失业危机感，他们在工作安全感指数上出现了显著差异，专科学历者的工作安全感显著低于中专技校学历者（F = 10.583，Sig. = 0.000）。由此可见，大学专科学历员工之所以工作环境满意度显著低于学历水平不如自己的中专技校学历者，很大程度上是因为学历优势并未在劳动报酬上有所体现，且在工作过程中也未获得优越的同事关系以帮助其事业上的发展，还背负着较重的失业压力。如此这般，在与学历水平较低的中专技校学历者进行比较时，大学专科学历员工就很难体验到学历所带来的工作优越感；而与学历水平略高的大学本科学历者比较时，无论在劳动报酬、组织支持还是工作效能感等多方面又都处于劣势。比上不足、比下也不足，因而大学专科学历员工对工作环境满意度不高。

3.5.2.5 户口差异讨论

农民工群体已与城市员工无太大差异，仅在加班现象、不满工作场所、工作与生活失衡上表现明显。

本次调查对象都是城市居民，因此我们可以把持农业户口的受访者简称为"农民工"，持非农业户口的受访者简称为"城市员工"。上一部分的数据分析显示，农民工和城市员工在工作环境指数上呈现显著差异，分别考察工作环境的三个维度发现，户口性质仅仅在客观工作环境指数上存在显著差异（F = 14.710，Sig. = 0.000）。为了深入探究农民工与城市员工在客观工作环境维度上具体存在何种差异，我们对客观工作环境的四个题器（工作时间、劳动报酬、工作场所、工作与生活的平衡）进行了分析。结果发现，两个群体在劳动报酬水平上并不存在显著差异（F = 0.025，Sig. = 0.875），但是在其他三个题器上却有不同程度的显著差异（见图 3 - 21）。在工作时间上，农民工群体中的加班现象显著高于城市员工（F = 8.497，Sig. = 0.004），这不难让我们联想到，他们在劳动报酬上与城市员工无差异，很有可能就是源自他们的长时间加班获利。在工作场所上，农民工群体对工作场所的满意度低于城市员工，且具有一定的显著性（F = 7.183，Sig. = 0.007）。这表明，目前的农民工群体在评价工作时已不再是只考虑工资这一单一评价维度，而开始表现出对工作场所舒适度的关注。在工作与生活的平衡上，农民工的得分也显著低于城市员工（F = 7.946，Sig. = 0.005），也就是说，农民工更容易出现工作与生活失衡，常常为了工作赚钱而忽视家庭和私生活。由此可见，尽管从工作环境指数的总体数据上，农民工已与城市员工无异，但是，在这个群体中加班、工作场所恶劣、工作与生活失衡仍然是高频发生的现象，这也是我国城镇化进程中农民工融入亟待解决的问题。

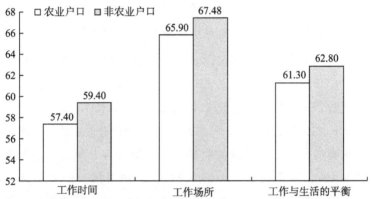

工作时间 F=8.497，Sig.=0.004　工作场所 F=7.183，Sig.=0.007
工作与生活的平衡 F=7.946，Sig.=0.005

图 3 - 21　客观工作环境三题器在户口类型上的差异

3.6　城市居民工作环境的影响因素讨论

依据"人在情境中"理论，一位员工处于组织当中，他对工作任务、工作环境等的态度除了与其个人的性格有关，更多还与其所面对的环境密切相关。为了深入探讨影响城市居民工作环境满意度的因素，我们将"由外到里"从宏观经济、中观组织和个体心理三个方面分别分析影响个体工作环境满意度的因素。

3.6.1　宏观经济与社会的影响

我们认为，个人工作环境的满意程度依赖于企业的发展，企业的发展依赖于行业的发展，行业的发展依赖于国家经济与社会的发展。因而，对我国宏观经济、社会环境的了解势必能帮助我们深入探析城市居民工作环境满意度的成因，从而进一步帮助我们理解中国的工作环境。正是基于这样的判断，有必要在这里用相当的篇幅介绍一下对工作环境研究有影响的宏观经济、社会背景。由于本研究结果来源于 2014 年的调查，故本部分主要分析 2014 年中国经济社会的宏观背景。

3.6.1.1　2014 年中国经济发展的"新常态"

根据国家统计局数据显示，初步核算，2014 年全年国内生产总值（GDP）636463 亿元，按可比价格计算，比上年增长 7.4%。分季度看，一季度同比增长 7.4%，二季度增长 7.5%，三季度增长 7.3%，四季度增长 7.3%。尽管 GDP 增速有所放缓，但经济发展结构有所优化，发展质量明显提升。2014 年，第三产业增加值增长 8.1%，快于第二产业的 7.3%，也快于第一产业的 4.1%；工业中的高技术产业增加值比上年增长 12.3%，比规模以上工业增加值增速快 4 个百分点。同时，与互联网和电子商务有关的新兴业态也快速发展，新产品、新行业、新产业、新业态、新模式加速成长，新的动力加快孕育，成为中国经济未来的希望所在。国家统计局局长马建堂在介绍相关情况时表示，2014 年全年，国民经济在"新常态"之下保持了平稳运行，呈现出增长平稳、结构优化、质量提升、民生改善的良好态势。[1]

---

① 国务院新闻办公室网站，http://www.scio.gov.cn/xwfbh/xwbfbh/wqfbh/2015/2015 0120/zy32455/Document/1392735/1392735.htm，2015 年 1 月 20 日。

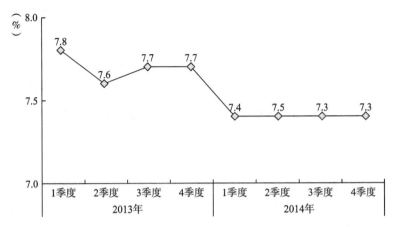

图 3 – 22 国内生产总值增长速度（累计同比）

下面我们节选与民生相关的几个方面具体分析。

在就业方面，从国家统计局发布的城镇新增就业数据来看，我国近几年的就业情况一直保持良好——尽管经济增速在逐年下降，但每年新增城镇就业人数却在逐年增加：2009 年 1102 万人，2010 年 1168 万人，2011 年 1221 万人，2012 年 1266 万人，2013年 1310 万人，2014 年 1322 万人（如图 3 – 23）。这一现象得益于近几年我国产业结构的不断优化，即服务业比重不断上升，而服务业吸收就业的能力高于第二产业，因此尽管最近几年经济增速放缓，但城镇新增就业人数不断上升。

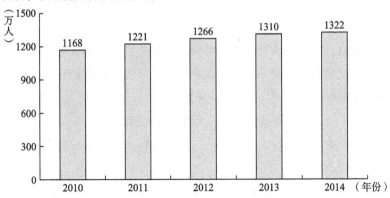

图 3 – 23 2010 ~ 2014 年城镇新增就业人数

尽管如此，但仔细分析后会发现，当前国内就业形势可能并不如大多数人所认为的那么乐观。我国就业人口实际包括两部分，一部分是城镇就业人口，另一部分是乡村就业人口。从最近10年的情况看，我国乡村就业人口的总体变动趋势是：乡村新增就业人口在逐年下降。2004年我国乡村新增就业人数为528万人，而2013年乡村新增就业人数仅为273万人，下降了近一半，这说明我国人口红利正在逐渐消失，而人口老龄化问题正悄然向我们逼近。我国乡村就业人口正大规模地向城镇转移，而且随着城镇化进程的加快，乡村就业人口向城镇转移的数量有逐年增加的趋势。由以上分析可知，我国城镇就业实际承担着两项基本任务：一是消化城镇自身每年新增的就业人口；二是承接每年由乡村转移来的就业人口。因此，在城镇化进程加快的大背景下，城镇每年新增就业量指标并不能充分反映我国总体就业形势的好坏。

如果单独考察我国城镇农民工就业人数的变化会发现，2010～2014年我国城镇新增农民工数量也在逐年减少（这五年中，我国城镇新增农民工数量分别为：1245万人、1055万人、983万人、633万人和433万人）。与此相对应，2010～2014年我国乡村就业人数的减少量在明显收窄（这五年中，我国乡村就业人数的减少量分别为：1088万人、912万人、904万人、865万人和794万人）。上述两组数据充分表明，2010～2014年我国乡村就业人口向城镇转移的数量在下降，城市化进程在明显放缓。

在收入方面，居民收入继续增加。根据城乡一体化住户调查①，2014年全国居民人均可支配收入20167元，比上年名义增长10.1%，扣除价格因素实际增长8.0%。按常住地分，城市居民人均可支配收入28844元，比上年增长9.0%，扣除价格因素实际增长6.8%；农村居民人均可支配收入10489元，比上年增长11.2%，扣除价格因

---

① 该调查数据来自国家统计局在中国产业信息网发布的《2015－2020年中国新型城镇化建设市场调查及前景预测报告》。

素实际增长 9.2%。全国居民人均可支配收入中位数 17570 元，比上年名义增长 12.4%。按全国居民五等份收入分组，低收入组人均可支配收入 4747 元，中等偏下收入组人均可支配收入 10887 元，中等收入组人均可支配收入 17631 元，中等偏上收入组人均可支配收入 26937 元，高收入组人均可支配收入 50968 元。

在社会保障方面，2014 年我国社会保障建设取得新进展。年末全国参加城镇职工基本养老保险人数 34115 万人，比上年末增加 1897 万人。参加城乡居民基本养老保险人数 50107 万人，增加 357 万人。参加基本医疗保险人数 59774 万人，增加 2702 万人，其中，参加职工基本医疗保险人数 28325 万人，增加 882 万人；参加居民基本医疗保险人数 31449 万人，增加 1820 万人。参加失业保险人数 17043 万人，增加 626 万人。年末全国领取失业保险金人数 207 万人。参加工伤保险人数 20621 万人，增加 703 万人，其中参加工伤保险的农民工 7362 万人，增加 98 万人。参加生育保险人数 17035 万人，增加 643 万人。按照年人均收入 2300 元（2010 年不变价）的农村扶贫标准计算，2014 年农村贫困人口为 7017 万人，比上年减少 1232 万人。①

在物价方面，2014 年，我国全年 CPI 上涨 2.0%，其中，城市上涨 2.1%，农村上涨 1.8%，实现了"居民消费价格涨幅控制在 3.5% 左右"的目标。分类别看，食品价格比上年上涨 3.1%，烟酒及用品下降 0.6%，衣着上涨 2.4%，家庭设备用品及维修服务上涨 1.2%，医疗保健和个人用品上涨 1.3%，交通和通信下降 0.1%，娱乐、教育、文化用品及服务上涨 1.9%，居住上涨 2.0%（见表 3 - 13）。从市场供求角度分析其原因可知，农业连年丰收增产，粮食等物资储备充裕，工业品总体上供大于求，进出口调节能力较强，房价从 2014 年 5 月开始总体上进入下行通道，且未出现重大自然灾害，这些都是保持物价总水平基本稳定的有利因素。

---

① 新华社：《2014 年社会保障建设取得新进展》，《中国医疗保险》2015 年 3 期。

表 3 - 13　2014 年居民消费价格比上年涨跌幅度

单位:%

指标	全国	城市	农村
居民消费价格	2.0	2.1	1.8
其中:食品	3.1	3.3	2.6
烟酒及用品	-0.6	-0.7	-0.5
衣着	2.4	2.4	2.4
家庭设备用品及维修服务	1.2	1.2	1.2
医疗保健和个人用品	1.3	1.2	1.5
交通和通信	-0.1	-0.2	0.0
娱乐、教育、文化用品及服务	1.9	1.9	1.7
居住	2.0	2.1	1.9

在房地产方面,70 个大中城市新建商品住宅销售价格月同比上涨城市个数上半年各月均为 69 个,下半年月同比上涨城市个数逐月减少,12 月份为 2 个,月同比价格下降城市个数增加至 68 个(如图 3 - 24)。

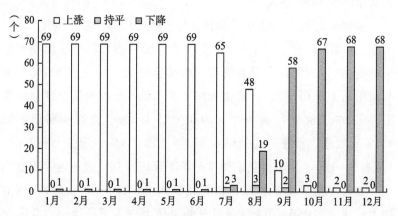

图 3 - 24　2014 年新建商品住宅月同比价格上涨、持平、
下降城市个数变化情况

总体来看，2014年中国经济显露出五方面发展趋势。[①]

第一，GDP增速创24年新低，经济进入新常态。

21世纪以来，中国经济进入新的增长周期，GDP增速在2007年创下14.2%的高点后受到国际金融危机影响迅速跌落，在四万亿投资刺激下，2009年第一季度开始止跌，2010年经济增速为10.4%；但随着刺激效应衰减，经济增速继续下滑，2012年跌破8%，至2014年已连续3年维持在8%以下。2014年，经济增速进一步下滑，第一季度GDP增速跌至7.4%，跌破李克强总理区间调控给出的7.5%的下限，第三季度则继续下滑至7.3%，基本打破了之前几年经济运行的区间。

2014年末，从2012年第二季度跌破"8%"以来，中国经济增速已连续11个季度稳定在7.3%到7.8%的区间内，这也显示了"中国经济足够稳"。

第二，服务业连续两年领先，产业结构持续优化。

继2013年中国第三产业占比首次超过第二产业后，服务业在中国经济总量中的占比在2014年进一步提高到48.2%，高于第二产业5.6个百分点。中国经济正加快由工业主导向服务业主导转变。

这一变化的好处已在就业领域得到体现。2014年，中国城镇净增就业1070万人，调查失业率稳定在5.1%左右。

国家信息中心经济预测部宏观经济研究室主任牛犁指出，服务业增长对就业的拉动是制造业的1.3倍。服务业超越制造业态势的"巩固"是经济增速下行影响未向就业传导的一个重要原因。

第三，城镇人口首达7.5亿，供需两端释放红利。

2014年，消费对GDP的贡献率提升至51.2%，中国需求结构改善的重要助力是城镇化的持续推进。

经济增长吸纳就业的能力增强。单位GDP增速的新增就业人

---

① 《新常态·新动力·新增长——2014年中国经济年报》，新华网，http://www.xi-nhuanet.com/fortune/cjzthgjj/91.htm。

数从 2009 年的 120 万人增加到 2013 年的 170 万人，总就业人数在经济发展速度放缓的前提下持续增加。从就业的城乡结构上来看，城镇就业人员不断增加、乡村就业人员逐年减少。"中低速增长、高就业"格局业已出现。从就业的产业结构来看，2011 年第三产业就业人员占比首次超过第二产业，2013 年第三产业就业人数占比为 38.5%，比第二产业高出 8.4 个百分点。这是个非常重要的结构性变化。

成千上万人进城，一方面将改善资源配置的效率，从供给方面促进经济增长。另一方面，市民化会对住房、医疗、教育、保健等产生很大的需求。

第四，居民收入增速三度跑赢 GDP，消费潜力释放可期。

2014 年，中国居民收入增速连续第三年快于 GDP 增速。这一变化和工资的持续上调有关。该年，19 个地区调整最低工资标准。

收入的领先意味着居民能更多地分享到发展红利，有利于释放更多消费潜力。但同时，也使一些成本不断上升的企业面对"两头夹击"的压力。

商务部国际贸易经济合作研究院研究员白明认为，在劳动力成本上涨成为大势所趋的情况下，企业应当进一步提高劳动生产率，增加投资力度，通过提高生产自动化、机械化水平，减少对人力的依赖。

第五，"劳动力"连续三年缩水，人口红利面临挑战。

2014 年末中国 16 岁至 60 岁的劳动年龄人口比上年末减少 371 万人。

中国社科院社会学研究所研究员张翼指出，虽然从 2012 年起中国劳动年龄人口总量开始连续三年减少，但 15～64 岁年龄段人口占比仍然在 70% 以上，这意味着中国仍将经历一段人口红利维持期。在劳动年龄人口中，35～64 岁人口所占比重在上升，15～35 岁青壮年人口占比在下降，这意味着推动技术创新的劳动力占比在缩小。今后应着重加强对劳动力的职业培训以及科学素养教育。

3.6.1.2 经济新常态下的社会景气与社会信心

从理论上说，无论是宏观的经济环境还是宏观的社会环境都会对人们所处社会的工作环境产生很大的影响。正是在这个意义上，有必要讨论一下经济新常态下的社会景气与社会信心对人们工作环境的影响。在这里，这种讨论主要是作为本次研究工作环境的宏观社会背景（参看表3－14）。

在一般意义上可以假定，一个发展状况良好的社会应该是一个景气的社会，同时也是一个人们对未来有着良好预期与信心充足的社会。在此假定的基础上，我们试图通过"社会景气"与"社会信心"这两个概念来对社会发展的现状与趋势进行概括。在这里，社会景气强调的是人们对当下所处的社会环境的感受与看法，社会信心则是人们在综合考虑各方面因素的基础上对社会未来发展状况的预期。如果说，一个社会是否良性运行与稳健发展也可以从某些社会事实层面进行评估与判断，那么对"社会景气"与"社会信心"状况的研究正是想要达到把握社会发展脉搏，以"晴雨表"的方式反映社会发展状况的目标。这是因为所有外在的客观变化都能在人们的主观感受中稳定地表现出来，虽然社会景气与社会信心是人们某种主观态度的总和性体现，但反映的是整个社会结构是否整合有序、整个社会环境是否安定团结、整个社会发展方向是否顺应民意（李汉林主编，2013）。

正是在上述研究逻辑之上，我们将从经济发展水平、经济增长速度、就业机会、继续教育和岗位培训四个方面的满意度，来分析城市居民对目前中国经济"新常态"的社会景气与社会信心指数。这样分析的目的是试图探讨人们在上述四个方面的满意度是否以及在多大程度上对中国工作环境会产生影响。

（1）城市居民的社会景气状况

社会景气主要是指人们对其目前所处的社会环境的一种主观感受。在通常的情况下，这种对社会环境的主观感受，主要是指不同社会群体对向上流动和自我改善的机制以及对社会氛围感觉良好与否，在于不同群体社会互动过程中对公平、公正、机会均等、平等参与等社会环境的基本结构性要素改善与否的评价（李汉林、魏钦恭，2013）。

本研究筛选出与组织工作环境紧密相关的四项宏观经济指标——经济发展水平、经济增长速度、就业机会、继续教育与岗位培训，以满意度作为考察维度，用以分析中国城市居民对宏观经济环境的景气指数。

之所以选取满意度作为考察社会景气的维度，是因为满意度不仅是人们心理上的一种主观感受，群体乃至社会整体层面的满意度水平亦能反映出一个社会在特定发展阶段的景气状况；人们的满意度不仅是个人期望是否得以满足的体现，同样也受到社会发展情势的影响。在一定程度上，民众对个体事项和社会总体事项的满意度水平是衡量一个社会发展与稳定程度的有力指针。也正是在这种意义上，一个矛盾凸显和冲突频发的社会必定是人们满意度处于很低水平的社会，反之，一个发展态势良好、总体景气的社会也必定是大多数人满意度较高的社会（李汉林等，2013）。

2014年，中国城市居民对宏观社会的经济发展水平、经济增长速度、就业机会、继续教育与岗位培训四个指标上的满意度，如表3-14所示。

表3-14 城市居民对宏观经济环境的满意度

	经济发展水平		经济增长速度		就业机会		继续教育与岗位培训	
	频次	比例	频次	比例	频次	比例	频次	比例
很满意	104	2.2%	105	2.2%	291	6.1%	213	4.7%
较满意	349	7.2%	491	10.3%	841	17.8%	763	17.0%
一般	1966	41.0%	1827	38.5%	2212	46.8%	2084	46.3%

	经济发展水平		经济增长速度		就业机会		继续教育与岗位培训	
	频次	比例	频次	比例	频次	比例	频次	比例
较不满意	2070	43.1%	1899	40.0%	1187	25.0%	1221	27.1%
很不满意	311	6.5%	427	9.0%	200	4.2%	217	4.8%

由表 3-14 可见，在 2014 年我国经济稳步增长的"新常态"发展中，受访的城市居民个体对我国经济发展水平和经济增长速度的主观满意度并不太高（经济发展水平和经济增长速度二指标上满意度的比例分别为 9.4% 和 12.5%），绝大部分城市居民对此感知并不显著（经济发展水平和经济增长速度二指标上主观感受"一般"的比例分别高达 41.0%、38.5%），值得注意的是，超过 40% 的受访城市居民对我国目前的经济发展并不满意（经济发展水平和经济增长速度二指标上分别有 49.6%、49.0% 的受访者存在不同程度的不满）。这样的结果不得不让我们思考一个问题：国家宏观经济每年都在稳步向好发展，经济水平在不断提高，但是为什么普通国民对此的态度却如此冷淡，甚至是不满意呢？

古典经济学理论指出，经济的增长能够不同程度地自动提高人们的工资收入和福利水平。据此，首先我们提取本次调查中城市居民的收入情况、社会保障的相关指标。分析数据发现，33.4% 的城市居民对目前我国的社会保障持"满意"态度；46.0% 持"尚可"态度；28.4% 持"不满"态度，总体城市居民对社会福利保障态度较好。但是，在分析个人收入水平及其满意度时，我们似乎找到了问题的答案。根据 2014 年国家统计局公布的城市居民就业人口的数据，2014 年我国城镇就业人口比上年增加 1322 万人。本次调查数据表明，城市居民对产业结构优化所营造的就业环境也是相当满意的（城市居民对 2014 年就业机会的满意度为 23.9%，46.8% 的受访者对就业机会持尚可态度），但是，高就业率给个体带来了多少经济收入呢？从个体月收入范围来看，本次调查发现，受访城市居

民个体的月收入普遍不高，30.1%的城市居民个体月收入范围在
2001~3000元、26.0%的城市居民个体月收入在3001~5000元、
16.3%的城市居民个体月收入在1001~2000元（如表3-15所
示）。也就是说，在稳步上升的经济发展下，高就业率却并没有带
来高收入，城市居民的就业质量并没有得到本质上的改变，再加
上我国物价2014年全年CPI上涨2.0%（其中，城市上涨2.1%，
农村上涨1.8%），虽然涨幅控制在3.5%以下，但是，较低的个人
收入仍然无法跟上物价上涨的节奏。因而，在个人收入水平的满
意度上，高达46.9%的城市居民对其收入持中间态度，接近三分
之一（27.8%）的城市居民明确表达了对其收入的不满。因此可
见，在经济发展稳步增长的"新常态"下，城市居民的就业质量
不高、收入水平低下，严重影响了个体对国家经济发展的态度。
上述这些客观数据及其分析可以使我们做出这样的判断，即在人
们比较普遍地对收入不满意的背景下，人们对工作环境的评价很
可能不会太高。

表3-15　月收入范围

		频次	百分比	有效百分比	累计有效百分比
	1000元及以下	76	1.6	1.9	1.9
	1001~2000元	788	16.3	19.5	21.4
	2001~3000元	1455	30.1	36.1	57.5
	3001~5000元	1260	26.0	31.3	88.8
	5001~7000元	300	6.2	7.4	96.2
	7001~10000元	112	2.3	2.8	99.0
	10001元及以上	40	0.8	1.0	100.0
	总计	4031	83.3	100.0	
系统缺失		806	16.7		
合计		4837	100.0		

（2）城市居民的社会信心状况

社会信心主要是指人们对国家的经济社会发展形势，对物价、教育、社会保障、治安、食品安全、社会公平公正、就业和社会风气等宏观层面，以及对个人的收入、住房、工作、健康、发展机会等微观方面的主观感受进行综合判断后得出的对未来发展前景的看法和预期（李汉林、魏钦恭，2013）。鉴于本次研究的目的，我们仅提取经济发展水平、经济增长速度、就业机会、继续教育和岗位培训四个指标，以考察人们对我国宏观经济发展与就业环境未来发展的理性预期。

整体来看，不同社会属性的人群对未来三年经济发展与就业环境的预期都表现出良好的状态，信心充足（如图 3 - 25 所示）。具体来看，68.6% 的受访者相信未来三年我国经济发展水平将会变好；64.1% 的受访者相信未来三年我国经济增长速度会积极变好；51.2% 的受访者看好未来三年我国的就业机会；52.5% 的受访者对未来三年的继续教育和岗位培训充满信心。由此看来，现阶段中国经济社会进入了一个关键时期，从国际经验来看，这个阶段也是社会发展容易出现矛盾和问题的时期。中国经济社会生活发展现实中也确实面临产业结构亟待优化、物价攀升、贫富差距依然较大等不少矛盾、挑战和压力。但是，从调查结果来看，绝大多数城市居民对于中国在党和政府的领导下，解决问题、应对挑战、获得进一步的发展是有信心的，态度是乐观的。

3.6.1.3 经济新常态下城市居民的工作环境满意指数与社会景气、社会信心的关联

为了进一步探索宏观经济对城市居民个体的工作环境满意度之间的关联，本研究将经济发展水平、经济增长速度、就业机会、继续教育和岗位培训四个指标整合为宏观经济的满意指数（Mean = 10.66, Std. Dev. = 2.51, Minimum = 0.00, Maximum = 20.00），进而探讨其如何影响个体城市居民的工作环境满意度。

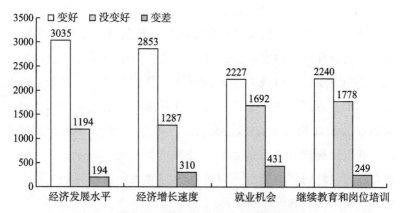

图 3 - 25　宏观经济预期的频次分析

宏观经济满意指数与工作环境满意指数呈显著负相关。将宏观经济满意指数与工作环境满意指数做 ANOVA 分析，结果如图 3 - 26 所示，随着城市居民宏观经济满意指数的提升，个体对其所处工作环境的满意度总体呈波动下降的趋势。显著性检验的结果为：F = 8.738，Sig. = 0.000，表明宏观经济满意指数与工作环境环境满意指数呈显著负相关。

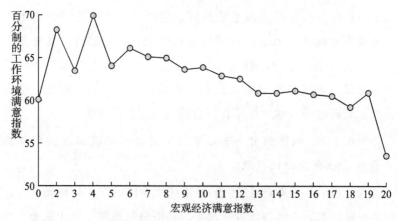

图 3 - 26　宏观经济满意指数与工作环境满意指数的 ANOVA 分析

对此，我们可从软投入经济学的视角加以解读。软投入理论是兰州大学李国璋教授于 20 世纪 80 年代在研究中国经济增长源泉时，针对当时运用西方经济理论在解释我国经济发展实践中存在的不适应性问题而提出的。他将人们为从事生产活动而提供的不具有物质形态的投入称为软投入，主要有综合政策投入（体制、政策、管理）、综合科技投入（科技、教育）和劳动者积极性投入三大类。从这一概念及其内涵可以看出，软投入的比重直接影响着个体所在企业组织的管理制度建设、继续教育与岗位培训、激励机制等工作环境的营造。然而，张唯实（2012）利用 1998 ~ 2008 年的省级面板数据，基于李国璋教授提出的软投入理论，通过 SFA 和 DEA 模型估算出中国各省和三大区域 1998 ~ 2008 年的 TFP（Total Factor Productivity，全要素生产率）水平及其软投入严重不足。具体表现为：从政府到企业单位，在产权结构的变化、科技教育培训的支出、劳动者积极性激励机制等非物质方面投入的人力、物力和财力都较少。这不仅制约了企业单位的经济绩效、国家经济的发展，还制约着个体所处企业组织的工作环境氛围的营造，从而拉低了个体对工作环境的满意程度。

此外，宏观经济满意指数与工作环境满意指数之间的相关程度，因城市居民所在单位的不同类型而有不同的表现。如表 3 - 16 所示，在党政机关及其派出机构、社会团体工作的城市居民，其宏观经济满意指数与工作环境满意指数之间并无显著关联（F = 0.819，Sig. = 0.630；F = 1.903，Sig. = 0.054）；然而，在企业工作的城市居民或个体工商户/自营职业者却在这两个变量之间存在极显著的关联（F = 4.062，Sig. = 0.000；F = 3.244，Sig. = 0.000）；此外，在其他工作场所类型（事业单位、居委会/村委会、无单位/自由职业者）下，二者之间也存在不同程度的显著相关（F = 2.280，Sig. = 0.004；F = 3.008，Sig. = 0.011；F = 1.976，Sig. = 0.018）。

表 3-16　不同企业类型的城市居民宏观经济满意指数与
工作环境满意指数的 ANOVA 分析

	F 值	Sig. 值	df 值
党政机关及其派出机构	0.819	0.630	12
事业单位	2.280	0.004	15
社会团体	1.903	0.054	11
企业	4.062	0.000	15
居委会/村委会	3.008	0.011	10
无单位/自由职业者	1.976	0.018	15
个体工商户/自营职业者	3.244	0.000	18

从相关显著的几组数据进行叠加所得波动图可知，无论是在与国家行政工作相关的事业单位、居委会/村委会，还是在企业、个体工商户/自营职业者、无单位/自由职业群体中，工作环境满意度都随着宏观经济满意度的增加呈现出显著的波动下降的趋势（见图 3-27）。也就是说，在宏观经济一片利好的背景下，上述这些组织却受益不多，组织成员的工作环境并未改善甚至有的反而变差了。

我们不妨从两个方面来探究其原因。首先，让我们来看看事业单位、居委会/村委会这样的"单位"。2011 年 3 月 23 日出台了《中共中央　国务院关于分类推进事业单位改革的指导意见》（以下简称《意见》），《意见》指出，此后 5 年将全面推进从事生产经营活动的事业单位转企改制。改制转企内容大致分为以下三个方面。一是将事业单位改为企业，事业法人转变为企业法人，以使其应对市场经济体制的变化，积极参与市场竞争，独立承担各种企业法人的行为和相关责任。二是促使投资主体和产权的多元化。事业单位以前都是由国家政府部门设立和投入的，产权和所依附的政府机关之间关系复杂，产权不清晰。改制转企就是为了明晰产

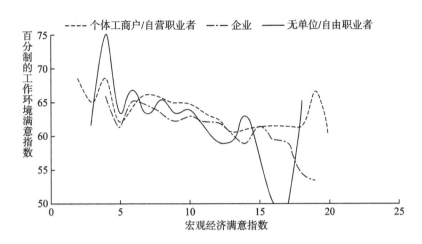

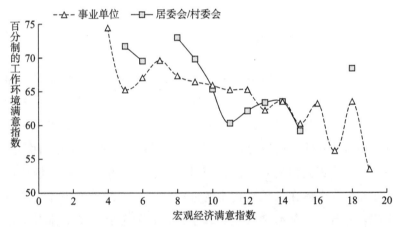

**图 3 - 27 不同企业类型的城市居民宏观经济满意指数与
工作环境满意指数的相关波动**

权，促使投资多元化。三是改革用人制度、分配制度。将原来实行的人员编制管理变成劳动合同管理。原来的事业单位在这种转型过程中，无论是对外转向市场还是自身内部的结构或是经营模式都会较之前发生变化。新旧的转换，势必带来许多问题与挑战，例如，改制转企，意味着要与更多的同行企业开始公平竞争，面临着如何在激烈的竞争中占领一席之地、开拓新的市场的挑战；

受传统体制的影响较深，很多事业单位都有效率低、机构臃肿等问题，这使得它们在与当前市场经济的碰撞中弱势凸显、发展缓慢；等等。这一系列由改制转企给单位带来的问题，势必让习惯了"旱涝保收"的员工工作压力倍增。因而，随着经济发展的提速，改制中的事业单位的经营压力增大，员工们的工作环境满意度势必受到影响。基于此，在体制外的单位工作的个体——企业员工、自由职业者、个体户等中，这种现象一直存在，在经济发展中，企业为了赶上经济发展的速度，势必在劳动资本和人力资本上投入更多，这给员工带来的可能就是更多的加班、加任务，工作任务的增加、工作压力的增大，就必然导致其对工作环境的不满。

3.6.2 中观组织的影响

微观个体行为与宏观社会、中观组织之间有着密切联系。作为一个"中观主义"者，社会学家布迪厄引入"场域"这一概念来阐释个体与外部环境之间的关联。布迪厄认为，场域作为一个具有相对独立性的社会世界，是联结宏观社会与微观个体的中介。每个个体都不是独立存在的，而是生活在场域中，只有从场域出发才能把握个体在场域结构中的准确位置，才能理解个体在场域中的各种行动、策略和态度。基于此，我们想要了解个体对工作环境的主观感知，最有效的方法便是从个体所处的组织入手，探寻组织属性、岗位特征、组织内行为对个体的影响。

3.6.2.1 单位属性、岗位级别与工作环境指数

对受访者的职业属性进行分析发现，受访者的工作环境指数在行业类型（$F = 11.110$，$Sig. = 0.000$）、不同职位（$F = 38.335$，$Sig. = 0.000$）方面具有显著差异（见表 3 - 17）。

表 3 - 17　工作环境指数在职业属性变量上的差异性

		均值（Mean）	样本数（N）	差异显著性
行业类型	党政机关及其派出机构	66.52	45	F = 11.110，df = 7，Sig. = 0.000
	事业单位	65.12	459	
	居委会/村委会	66.02	38	
	社会团体	63.35	80	
	个体工商户/自营职业者	63.43	1067	
	企业	62.05	1749	
	无单位/自由职业者	61.83	221	
	其他	62.52	41	
职位	领导	68.75	24	F = 38.335，df = 3，Sig. = 0.000
	中层管理人员	67.10	321	
	普通职工	62.10	2021	
	其他	63.07	31	

（1）不同单位性质的受访者在工作环境指数及其三因子上有显著差异

当对不同单位的受访者进行工作环境指数比较时，我们发现（见图 3 -28），工作单位是党政机关及其派出机构、事业单位、居委会/村委会的受访者在工作环境指数上的均值都大于 65.00 分，显著高于其他受访者。

具体考察工作环境指数的三因子。

在客观工作环境因子上，工作单位是党政机关及其派出机构、事业单位、居委会/村委会的受访者均值都超过 65.00 分，显著高于其他受访者；且在企业里工作的受访者（客观工作环境指数为61.91）和无单位/自由职业者（客观工作环境指数为 61.61）显著低于其他受访者。

在客观组织环境因子上，党政机关及其派出机构、居委会/村委会的受访者均值超过 64.00 分，显著高于其他受访者；但在企业工作的受访者的客观组织环境指数仅为 63.22 分，显著低于其他受访者。

在主观心理环境因子上，党政机关及其派出机构、事业单位、居委会/村委会的受访者均值显著高于其他受访者，无单位/自由职业者的主观心理环境指数最低，仅为 60.40 分。

上述这些发现可以从某种角度说明，体制对人们在工作环境中的主观感受会产生影响。

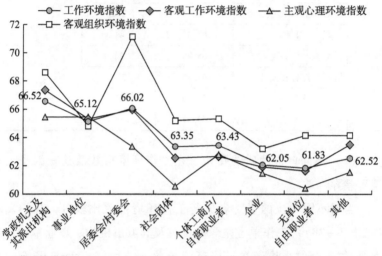

工作环境指数 F=11.110，Sig.=0.000　　客观工作环境指数 F=8.226，Sig.=0.000
客观组织环境指数 F=6.928，Sig.=0.000　　主观心理环境指数 F=9.801，Sig.=0.000

图 3 - 28　工作环境指数及其三因子在单位类型上的均值分布

（2）受访者在工作中职位越高，其工作环境指数越高

考察受访者在职位高低上的差异发现（见图 3 - 29），领导和中层管理人员的工作环境指数显著高于普通职工。在工作环境指数的三个因子上，这种差异依然显著。

3.6.2.2　岗位特征与工作环境指数

在组织中，不同的岗位有着不同的工作要求，赋予组织员工不同的岗位职责。本次城市居民的调查发现，每天往返工作单位的平均用时 26.31 分钟（Mean = 26.31，Std. Dev. = 18.944）；每周工作

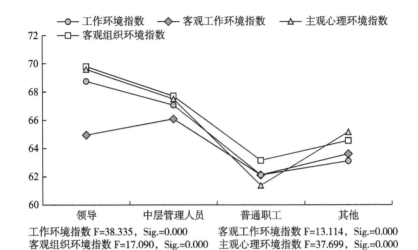

工作环境指数 F=38.335，Sig.=0.000　　客观工作环境指数 F=13.114，Sig.=0.000
客观组织环境指数 F=17.090，Sig.=0.000　　主观心理环境指数 F=37.699，Sig.=0.000

图 3 - 29　工作环境指数及其三因子在职位上的均值分布

平均时长 49.3 小时（Mean = 49.3，Std. Dev. = 13.823），按双休计算，均摊到每一天工作时间 9.86 小时。

　　分析不同单位发现，在不同性质单位工作的城市居民在通勤时间与工作时长上具有显著差异。在通勤时间上，在企业工作的城市居民往返于工作单位的时间最长，耗时将近 0.5 小时；在居委会/村委会工作的城市居民通勤用时最短，为 16.38 分钟（如图 3 - 30 所示）。在工作时长上，一周工作时间最长的是个体工商户/自营职业者（54.87 小时），其次依次是无单位/自由职业者（52.55 小时）、社会团体工作者（48.13 小时）、企业员工（46.86 小时）、党政机关及其派出机构人员（45.86 小时）、事业单位员工（44.81 小时）、居委会/村委会人员（43.67 小时）（见图 3 - 31）。由上述数据可知，尽管我国《劳动法》规定每天工作时长八小时，且实行周六、周日双休，但是在实际调查中，无论是公务员、事业单位员工，还是企业员工、自由职业者，每天的工作时间都或多或少超过了 8 小时。

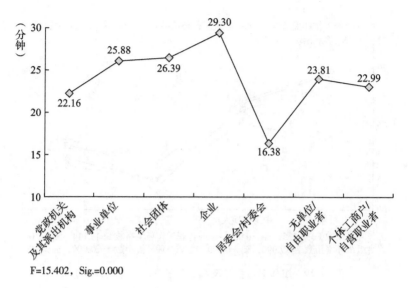

F=15.402，Sig.=0.000

图 3 – 30　通勤时间在不同单位上的差异分析

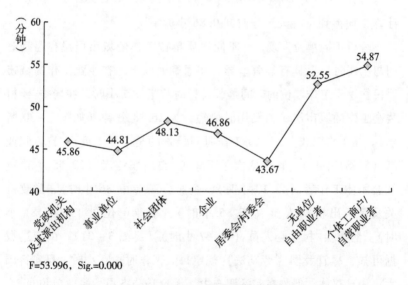

F=53.996，Sig.=0.000

图 3 – 31　周工作时间在不同单位上的差异分析

（1）通勤时间与工作环境指数的关系

为了统计之便，我们根据通勤时间的频次分布情况将其划分成
十个时长，分别是 1 = 0 ~ 5 分钟、2 = 6 ~ 10 分钟、3 = 11 ~ 15 分钟、

4 = 16 ~ 20 分钟、5 = 21 ~ 30 分钟、6 = 31 ~ 40 分钟、7 = 41 ~ 60 分钟、8 = 61 ~ 90 分钟、9 = 91 ~ 120 分钟、10 = 120 分钟以上（该项样本为 0，故在表 3 - 18、图 3 - 32 中未表示）。具体分层考察通勤时间与工作环境指数之间关联（见表 3 - 18、图 3 - 32），我们发现，工作环境在通勤时间上存在显著差异（F = 2.788，Sig. = 0.004）。

表 3 - 18　工作环境指数在通勤时间上的差异性

		均值（Mean）	样本数（N）	差异显著性
通勤时间	0 ~ 5 分钟	63.6621	218	F = 2.788，df = 8，Sig. = 0.004
	6 ~ 10 分钟	62.7806	600	
	11 ~ 15 分钟	63.3512	374	
	16 ~ 20 分钟	62.1554	781	
	21 ~ 30 分钟	63.0084	949	
	31 ~ 40 分钟	63.9990	348	
	41 ~ 60 分钟	62.4251	334	
	61 ~ 90 分钟	65.3333	60	
	91 ~ 120 分钟	62.3039	34	

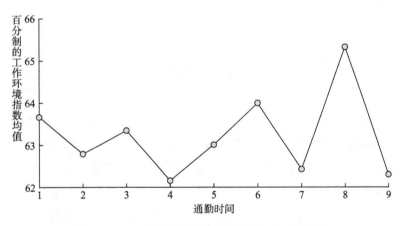

图 3 - 32　工作环境指数在通勤时间上的差异分析

（2）周工作时间与工作环境指数的关系

同理，按照我国《劳动法》规定一天八小时工作制、双休安

排,一周工作时长为 40 小时,从而将周工作时间划分为九个时长:
1 = 0 ~ 20 小时、2 = 21 ~ 30 小时、3 = 31 ~ 40 小时、4 = 41 ~ 50 小
时、5 = 51 ~ 60 小时、6 = 61 ~ 70 小时、7 = 71 ~ 80 小时、8 = 81 ~
90 小时、9 = 91 ~ 100 小时。由图 3 - 33 和表 3 - 19 可知,城市居
民对工作环境的满意度指数在周工作时长上存在显著负相关(F =
3.124,Sig. = 0.002),即是说,随着一周工作时间的增加,城市
居民对工作环境的满意度显著降低。其中,一周工作时间在《劳
动法》规定的 40 小时之内的城市居民对其工作环境显著高于超过
该工作时长的群体。

表 3 - 19　工作环境指数在周工作时间上的差异性

		均值(Mean)	样本数(N)	差异显著性
周工作时间	0 ~ 20 小时	65.1406	83	F = 3.124,df = 8,Sig. = 0.002
	21 ~ 30 小时	63.2099	108	
	31 ~ 40 小时	63.4987	1139	
	41 ~ 50 小时	62.1852	1247	
	51 ~ 60 小时	63.2217	642	
	61 ~ 70 小时	62.7972	314	
	71 ~ 80 小时	62.4908	91	
	81 ~ 90 小时	61.4667	50	
	91 ~ 100 小时	61.1111	9	

由此可见,工作时间是影响个体对工作环境感知的一个重要
影响因素。欧盟率先在其成员国进行的为期五年的"欧洲工作环
境调查"中,"工作时间"一直都是重点调查的题器,也足见该指
标的重要性。工作时间,又称法定工作时间,是指劳动者依据法
律规定进行劳动的时间。[①] 我国实行的是标准的工作日制度,是法
律规定的正常情况下普遍实行的工作时间,包括劳动者每日工作

---

① 《公务员百科辞典》,光明日报出版社,1989。

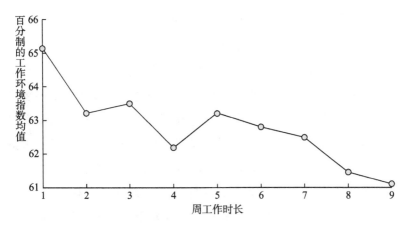

图3－33 工作环境指数在周工作时间上的差异分析

时间和劳动者每周工作时间两方面内容。1994年国务院发布《关于职工工作时间的规定》，实行每天八小时工作制，平均每周工作44小时，并规定国家机关、事业单位实行统一的工作时间。到1995年则规定每日工作时间八小时，每周工作时间40小时，进一步缩短了每周的工作时间。然而，在当前我国经济稳步发展的背景下，随着时间经济价值的不断提高，劳动者个体选择工作或闲暇的机会成本也随之增加，收入效应和替代效应互为博弈的结果最终决定着劳动者个体劳动参与决策和社会整体劳动供给的状况。对于参与劳动的个体而言，工作时间作为衡量工作质量优劣的重要指标之一，其长短既影响着劳动者个体工作和生活的和谐度，又影响着劳动者个体的工作效率和身心健康，进而影响着劳动者个体的就业质量和生活质量。从本次调查数据可知，我国城市居民的工作时间都普遍高于国家规定的每周40小时，均值范围在43.67～54.87小时。如此长时间的延时工作，必然会减少员工接触社会及与家人等人际交往的时间，降低生活品质；再加上收入的影响因子，抱怨、身心疲惫随之而来，势必影响其对目前所处工作环境的态度。

3.6.2.3 组织行为与工作环境指数

（1）员工参与与工作环境指数的关系

随着社会经济的不断发展，人们的物质需求满足程度逐渐提高，对精神需求的满足要求与期望也越来越高，以致传统的管理模式逐渐难以适应社会经济发展的需要。在现代企业人力资源管理"以人为本"理念的引导下，管理者纷纷意识到把员工当工具的管理理念和方式难以定义员工角色与组织间关系，管理决策层开始更加重视员工在企业中的地位与员工在管理决策中的作用，着手采用能够提升员工工作满意度及经营管理决策品质的员工参与管理方式（黄坚学，2006）。

本次调查从参与工会活动、组织中层或高层管理者选举、单位民主管理与监督三个指标来考察员工的组织参与程度及其满意度。

首先，在参与工会活动方面，仅有13.8%的受访者表示参加过工会活动，高达86.1%的受访者表示从未参加过。将该指标与工作环境指数进行 ANOVA 分析发现，城市居民是否参与工会活动与其工作环境指数呈显著正相关（F = 67.697，Sig. = 0.000），即是说，参与工会活动的城市居民对其所处工作环境的满意度明显高于没参与活动的居民（见图 3 - 34）。

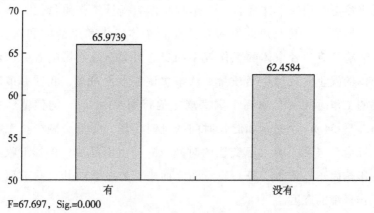

F=67.697，Sig.=0.000

图 3 - 34 工作环境指数在参与工会活动上的差异分析

为了深入挖掘数据背后的原因，我们必须从工会的性质谈起。工会是伴随着工业化大生产和资本聚集而出现的一种以维护工人利益为主要职责的组织形式。有学者就指出"工会既是非营利组织，又是强制性的经济组织；既是工人阶级的社团，又是强大的特殊利益团体；既是权利的体现，又与某些个人自由不相容"（莱文，2006）。Hyman（1975）认为，工会是一个权力代理机构，它的主要目标是给予工人对其雇佣条件进行集体控制的权力，迫使雇主在制定管理决策时考虑工人的利益。在西方资本主义市场经济国家中，经常把工会称为劳动力市场的"卡特尔"，他们的工会成立方式是自下而上的。与此不同，我国工会是自上而下成立的。根据我国《工会法》的规定，我国工会发挥作用的机制主要体现在三个途径：集体谈判、集体合同、意见表达。由此可见，中国工会组织虽然在提高员工工资待遇方面没有直接的作用，但其作为员工参与组织管理运行的一个载体，组织员工参与组织管理、协调劳资关系、加强组织规范化运作，对良好工作环境的营造、员工工作积极性的提升起着显著作用。因而，能够积极参与工会活动的员工，自然有更多的机会了解组织现状、提出自我诉求，其急需的员工权益也能够得到及时的维护；当与企业发生矛盾纠纷时，能够依仗工会通过提高工资水平、改善工作环境等缓和矛盾、实现合理的诉求，从而提高其对工作环境的满意度、提升工作积极性。

其次，在参与组织中层或高层领导选举方面，调查数据显示，仅有 16.9% 的城市居民受访者参与过工作单位中层或高层领导的选举活动，高达 82.4% 的受访者表示从未参与过。同理，运用 ANOVA 分析发现，城市居民是否参与选举与其工作环境指数呈显著正相关（$F = 114.945$，Sig. $= 0.000$）（见图 3 – 35）。

现代企业制度的一个很重要的特征，就是产权明晰。产权是一种与所有权有关的财产权，是出资者的一种特有权利。产权主体享有选择企业经管者的权利，在市场经济条件下，这是一种除

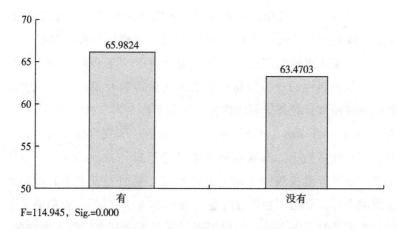

F=114.945，Sig.=0.000

图 3 – 35　工作环境指数在参与组织中层或高层领导选举上的差异分析

产权主体外任何组织和个人都没有的权利。因此，从严格意义上讲，工人并不是其所工作的企业的产权的主人，因此，法律便没有赋予企业职工选择经营者的权利。强调员工参与民主管理的权利，是从有利于调动职工的积极性出发的，但以此替代产权主体所专享的特有权。参与组织中层或高层领导的民主选举便是员工参与组织管理的一个常有形式，它能够让单位员工体会到"主人翁"地位，让员工有发言机会，并且通过选票的"发言"，有了实实在在的权威性。员工在参与领导选拔的过程中，对企业状况和参与选举的领导者都会有一个更直接、深刻的认识，也会逐渐培养起对与自己生活密切相关的企业前途和命运的认同感，从而更能理解、包容目前的工作环境；同时，通过选举能够帮助实现其工作述求的领导，员工的工作期望和工作满意度都会有一定的提升。

最后，本次调查还从城市居民对参与组织内部管理监督制度的满意程度入手，了解员工参与的情况。数据显示，在调查前的一年里，仅有 8.7% 的城市居民受访者对其参与所在单位的民主管理和监督表示满意，绝大部分受访者（55.9%）对此持中立态度，有 21.6% 的受访者明确表示了对这方面参与的不满。在此基础上，我们深入分析参与组织内部管理监督的满意度与工作环境指数的关系，结果如图3-36：城市居民工作环境指数，随着其对所在单位民主管理监督参与情况满意度的降低，而显著下降（F = 53.642，Sig. = 0.000）。

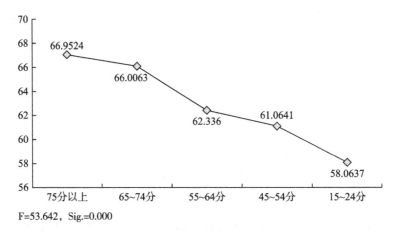

F=53.642，Sig.=0.000

图3-36　工作环境指数在参与组织内部管理监督制度上的差异分析

　　这样的统计结果充分印证了人力资源中关于员工参与的论断，即现代员工都有参与管理的强烈要求与愿望，企业只要创造良好的组织氛围、提供一切机会让员工参与企业事务管理，就会提升员工的工作满意度，调动员工积极性，促使员工更加努力投入工作，形成对企业的认同。国内外员工参与的相关研究也对此进行了阐述。国外学者Mcgregor认为，在适当情况下，通过实施员工参与管理的方式，鼓励员工为实现自身价值和组织目标而充分发挥创造力，使得员工在与自身日常密切相关事务方面具有一定的发言权和决策权，就能够为企业带来巨大的收益，实现员工自我价值的需要，从而提高员工对组织的归属感和工作满意度（Spector, P. E. & Connell, B. J., 1994）。对此，我国学者李玉刚在实证调研中也发现员工参与战略决策能提高员工对具体战略的理解，提高战略执行力，并且还能提高工作的满意度（李玉刚，2008）。

（2）组织支持与工作环境指数的关系

从组织对员工的支持层面，组织支持理论表明，组织目标的完成依赖于雇主慷慨地对待员工，组织支持满足了员工的社会情感需求，如果员工感受到组织愿意而且能够对他们的工作进行回报，就会为组织的利益付出更多的努力（刘维民、何爽，2009）。我国学者王辉等通过调研发现，员工亟须的组织支持可归纳为五大类：与员工健康福利相关的，与员工薪酬和边缘福利相关的，与员工家庭的福利相关的，与员工权利和尊严相关的和与员工成长发展机会相关的（Wang, H. et al., 2000：3-12）。因而，本次研究选取员工维权这一个组织支持的侧面来窥探组织支持对个体工作环境指数的影响。

统计数据显示，2014年城市居民受访者尝试通过找单位领导裁决这一方式来维权的仅有10.0%，其中领导裁决后对维权达到效果的占66.8%，维权效果良好；然而，高达88.2%的城市居民受访者却从未通过寻求组织支持来维权或处理问题。深入分析该行为与个体工作环境指数的关系发现，是否通过寻求单位领导支持来进行维权与员工个体工作环境的满意度并无显著相关；但是，当员工向单位领导寻求维权支持后问题是否有效地解决却与其工作环境满意度呈显著正相关（如表3-20所示）。

表3-20　工作环境指数在维权上的差异性

		均值（Mean）	样本数（N）	差异显著性
是否寻求单位领导	有	62.3625	400	F = 3.121, df = 1,
裁决进行维权	无	63.1180	3731	Sig. = 0.077
领导裁决后	有	63.3827	270	F = 13.786, df = 1,
是否有效	无	59.4294	111	Sig. = 0.000

（3）组织公正公平与工作环境指数的关系

随着组织研究的深入，组织中的公平公正问题已成为衡量企业管理水平、体现企业竞争力的一个有效指标，也成为影响员工工作积极性的重要因素。经过近 40 年的发展，目前西方的组织公平研究提出了三类公平，即分配公平、程序公平和互动公平。基于此，本次研究从"在单位是否受到不公正对待""过去一年里工资福利是否被克扣或拖欠"两个指标，考察我国城市居民的组织公正公平现状。

数据显示，仅有 9.1% 的受访者表示在单位中受到不公正对待，90.6% 表示未曾遇过；10.0% 表示在过去一年里工资福利曾被克扣或拖欠，89.8% 表示没有此问题，总体情况较为乐观。进一步探究其与工作环境指数的关系发现（见表 3 - 21），二者与工作环境指数均呈显著正相关（F = 36. 923，Sig. = 0. 000；F = 32. 791，Sig. = 0. 000）。

表 3 - 21 工作环境指数在组织公平指标上的差异性

		均值（Mean）	样本数（N）	差异显著性
在单位中是否受到不公正对待	有	59. 7148	374	F = 36. 923，df = 1，Sig. = 0. 000
	无	63. 3892	3820	
过去一年里工资福利是否被克扣或拖欠	有	60. 1092	412	F = 32. 791，df = 1，Sig. = 0. 000
	无	63. 3906	3786	

对此现象，我们可从公平理论中找到答案。哲学意义上对公平的研究可以追溯到柏拉图和苏格拉底，但组织科学中关于组织公平的研究最早起源于 Adam（1965）的公平理论。公平理论是 Adam 在《在社会交换中的不公平》一文中提出的。他认为，在企业环境中，员工不仅关注自己所得报酬绝对值的大小，更关注报酬的分配是否公平合理，以及自己是否受到公平的对待。公平与否主要依据员工对所付代价与所得报酬的比较。当员工发现自己所付代价与所得报酬之比同他人所付代价与所得之比相等时，就感到所受待遇是公平合理的；反之，则会产生不公平感。在缺乏公平感的情况下，员工必然会产生不满情绪，采取减少付出、要求增加报酬、放弃工作等消极行为。

3.6.3 个体心理的影响

3.6.3.1 社会总体满意度与工作环境指数的关系

考察社会总体满意度的频次发现，本次研究的受访者中社会总体满意度在 33.00 ~ 175.00 分（分值越高，社会总体满意度越高），均值为 104.51 分。在本部分中，为了分析城市居民工作环境指数与其社会总体满意度的关联性，我们根据社会总体满意度的得分分布，将其从低到高划分为 31 ~ 50 分、51 ~ 75 分、76 ~ 100 分、101 ~ 125 分、126 ~ 150 分、151 ~ 175 分六个层级（层级越高，社会总体满意度越高），然后分层比较不同社会总体满意度的受访者的工作环境指数。结果显示（见图 3 - 37），社会总体满意度越高的城市居民，其工作环境指数也显著较高，二者呈显著正相关。具体分析工作环境指数的三个维度，同样也具有上述相关性。

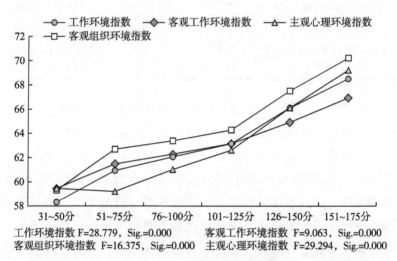

工作环境指数 F=28.779，Sig.=0.000　　　客观工作环境指数 F=9.063，Sig.=0.000
客观组织环境指数 F=16.375，Sig.=0.000　　主观心理环境指数 F=29.294，Sig.=0.000

图 3 - 37　工作环境指数及其三因子在社会总满意度上的均值分布

上述数据告诉我们，工作环境指数与社会总满意度呈正相关。我们可以从企业单位的二元属性上来剖析这个现象。企业单位，一般是自负盈亏的生产性单位。它具有二重性。第一，企业具有个体属性。企业是员工劳动交换的载体，是员工与社会发生关联的关键纽带。依靠企业生产，企业主可以利用社会相应政策、享有社会资源，从而给养自己及家人，企业员工也是如此。企业中的个体通过企业这个中介单位，分享着社会法制、自然资源、政策福利等。第二，企业还具有社会属性。企业，作为社会的经济细胞，承载着社会物质生产和服务的供给，它不仅寄托着员工生活的希望，还肩负着社会的责任。因而，社会也以企业为单位，将法律政策、社会资源、经济利润等反馈给社会成员。综合上述两点可知，企业是社会供给其个体成员、个体享有社会资源的中介。因此，社会在法律、住房、社会保障、就业、生活、教育、医疗等多方面提供的便利，会直接传递给企业单位，企业单位又利用社会经济政策支持改善单位条件、提高企业收益，从而让单位员工间接体会到由社会带来的福利。

3.6.3.2 社会关系的认知与工作环境指数的关系

任何社会个体都"嵌入"于各种形式的社会关系之中，其自身在构建各种关系的同时也受到这些关系的影响与制约。从社会层面来看，一个社会的主要关系和谐与否可反映这个社会的结构特征、秩序状况以及景气程度，如近年来日益凸显的劳资紧张、干群矛盾、贫富差距拉大等群体间关系问题，正是我国在社会转型期不同群体间利益不一致、关系不协调的表现。在我们的调查中，为了深入分析社会关系状况对工作环境指数的影响，设置了专门的量表用于考察我国目前主要的社会关系状况，包括社会总体关系状况、老板与员工关系、穷人与富人关系、城里人与农村人关系、干部与群众关系以及本地人与外地人间的关系等。

从受访者的回答比例来看，多数受访者对当下的总体社会关系状况持中立态度，但同时认为，贫富关系、干群关系和城乡关系仍趋于紧张。

接着，我们考察城市居民对这些社会关系的认知与其工作环境满意度的关系。统计数据表明，社会关系的和谐状况显著影响受访者对工作环境状况的认知与评价，那些认为社会总体关系、不同群体间关系更为和谐的受访者对自身所处的工作环境状况也更为满意（见图3-38）。

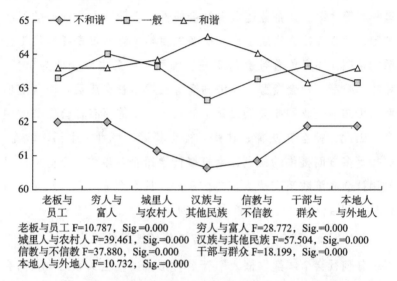

老板与员工 F=10.787，Sig.=0.000　　穷人与富人 F=28.772，Sig.=0.000
城里人与农村人 F=39.461，Sig.=0.000　汉族与其他民族 F=57.504，Sig.=0.000
信教与不信教 F=37.880，Sig.=0.000　　干部与群众 F=18.199，Sig.=0.000
本地人与外地人 F=10.732，Sig.=0.000

图3-38　工作环境指数在各种社会关系上的ANOVA分析

事实上，对贫富关系、干群关系和城乡关系不满意的主观感受与我国目前的社会状况在很大的程度上相一致。如在干群关系上，2011年在广东发生的"乌坎事件"再次刺痛了"干群关系"的神经，人民日报撰文称"乌坎事件折射部分基层干部滥权严重，也折射出当前一些地方农村基层党组织软弱涣散，党群干群关系紧张"。[1] 类似状况的存在，在很大的程度上恶化了社会环境，影响着单位组织的工作环境。

3.6.3.3　相对剥夺感与工作环境指数的关系

相对剥夺感主要是指人们从期望得到的和实际得到的差距中所产生出来的，特别是与相应的参照群体在比较过程中所生发的

---

① 《乌坎事件折射部分基层干部滥权严重》，《人民日报》2012年1月10日。

一种负面感受，如不满、愤慨、不公平等情绪（李汉林、魏钦恭，2013）。与绝对剥夺不同，相对剥夺的主要意涵在于强调相对比较，在某种意义上，主体自身也构成了可比较的参照群体。但正如默顿所指出的，人们据以进行比较的参照群体虽然广泛且多元，但在特定的社会结构环境下，特定个体乃至群体的参照群体则是由制度结构所规约和塑造的（默顿，2008）。虽然，不同群体进行比较的参照系和参照点各有不同，但在较为宽泛的意义上，由经济收入－社会地位和组织内比较－社会上他人比较两个范畴构成的分类图式可以成为我们对相对剥夺感进行分析的基础（见图 3 － 39）。这样，相对剥夺感的测量指标可由四个题器构成，分别是与单位同事的经济收入、社会地位比较以及与社会上其他人的经济收入、社会地位比较。

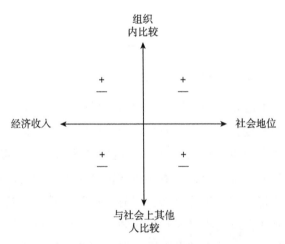

图 3 － 39   相对剥夺感影响因素的分类图式

图 3 － 40 是历年相对剥夺感指数的变动趋势，以 2012 年为基准，从 2012 年到 2014 年，由我们的调查数据推论，民众的总体相对剥夺感并没有发生显著变化。这表明，在总体进程中，社会资源的分配状况并未朝着不公平的方向恶化。在以往的研究中，相对剥夺感既可被用来作为一个社会收入差距程度的测量指标

（Kakwani，1984），又可被当作一个社会收入不公平感的替代物（付允，2011），还被用以表征一个社会民众对资源获得差异的容忍度（赫希曼，2010）。但无论如何，作为一种负面的社会态度，其与一个社会的资源分配状况、群体间关系以及民众对资源差异的心理承受力紧密关联。正因如此，一个发展良好和状况景气的社会，必定是民众相对剥夺感较低的社会。

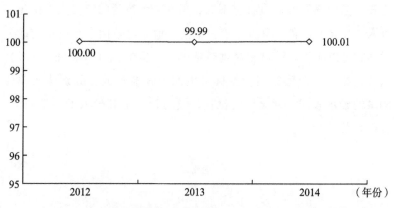

图 3 - 40　相对剥夺感指数的变化趋势（2012 ~ 2014 年）

图 3 - 41 是对三个年份的调查数据进行分析后，所描绘的相对剥夺感四类测量指标的变动趋势，图中的标示是与参照群体比较后，民众认为自身经济收入和社会地位较低的比例。可以看出，在总体趋势上，2014 年的调查结果与前两个年份相比，相对剥夺感各项组成指标都呈下降态势。同时，还可以看到，无论是对经济收入还是社会地位状况变动的认知，组织内的相对剥夺感显著低于组织外，这也在某种意义上表明，随着市场化的推进和传统单位制度的式微，组织内外资源的分化已甚于组织内资源可得性的差异。其所蕴含的另外一层含义在于，组织内外的比较不仅在参照对象上存在不同，而且据以进行比较的机制也有差异。组织内的比较更多的是建立在组织制度的认同基础之上，与社会其他人的比较更多的是建立在社会制度的认同基础之上。这种从组织内向组织外比较的扩展过程包含着众多复杂因素，如社会的分配

制度、地位获得的文化观念、阶层的固化属性、对不公平的容忍度等，由于数据变量的约束，此处不再展开分析。

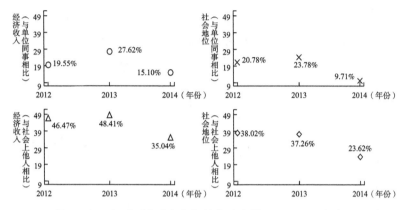

图 3 - 41　相对剥夺感各指标的年度比较（2012 ~ 2014 年）

为了进一步分析城市居民的相对剥夺感与其工作环境指数之间的关联，我们从两个层面进行分类与解析。第一个层面主要是横向的群体比较，即在与参照群体比较的过程中，自身利益得失与相对剥夺感强弱的变化；第二个层面主要是与自身的历史状况进行纵向比较后，社会地位和经济收入状况的变动与相对剥夺感受的变化。

图 3 - 42、图 3 - 43 是在控制受访者的公平感、对资源获得的价值取向以及客观收入水平之后，从经济收入、社会地位两个方面的主观相对剥夺感情况来考察其对工作环境指数影响的统计结果。可以看到，无论在经济收入还是社会地位方面，相对剥夺感都对城市居民的工作环境指数存在显著影响。具体分析数据发现，表示在经济收入和社会地位方面相对其他群体（亲朋好友、单位同事、相同职业者和社会上他人）"较高"的受访者，在工作环境指数上显著高于比较后认为自己处于"较低"位置的受访者；很有意思的是，在上述两方面的比较中，表示"很高"的受访者对其所处工作环境的满意度却显著低于表示"较高"的群体。也就是说，随着相对剥夺感的降低，个体对其所处工作

环境的主观感受会得到显著提高；然而，当相对剥夺感减少、相对优越感增多，增加到一定程度后，个体的工作环境满意度则反而会下降。

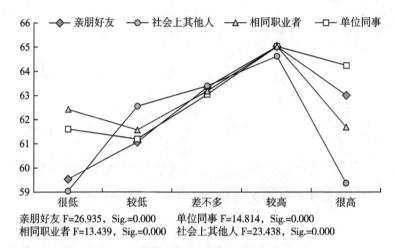

亲朋好友 F=26.935，Sig.=0.000　　单位同事 F=14.814，Sig.=0.000
相同职业者 F=13.439，Sig.=0.000　社会上其他人 F=23.438，Sig.=0.000

**图 3－42　不同群体在经济收入上的相对剥夺感与
工作环境指数的 ANOVA 分析**

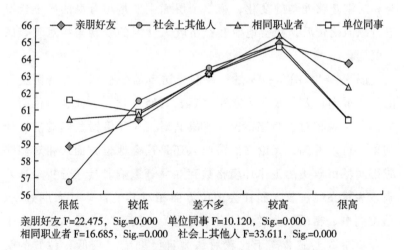

亲朋好友 F=22.475，Sig.=0.000　单位同事 F=10.120，Sig.=0.000
相同职业者 F=16.685，Sig.=0.000　社会上其他人 F=33.611，Sig.=0.000

**图 3－43　不同群体在社会地位上的相对剥夺感与
工作环境指数的 ANOVA 分析**

这一现象在现代经济学和心理学中都得到了很好的解释。经济学的边际效用递减法则告诉我们，在其他条件不变的情况下，随着可变要素投入量的增加，可变要素投入量与固定要素投入量之间的比例在发生变化。在可变要素投入量增加的最初阶段，相对于固定要素来说，可变要素投入过少，因此，随着可变要素投入量的增加，其边际产量递增，当可变要素与固定要素的配合比例恰当时，边际产量达到最大。如果再继续增加可变要素投入量，由于其他要素的数量是固定的，可变要素就相对过多，于是边际产量就必然递减。心理学家韦伯和费希纳用巧妙的试验证明这一规律也存在于个体心理变化中，即韦伯-费希纳定律。

3.6.3.4　社会公平公正状况与工作环境指数的关系

我们对社会公平公正状况的考察主要从人们的主观感受出发，与客观平等状况不同（如基尼系数、洛伦兹曲线等），人们对自身不平等状况的感受与认知更为真实、具体，所谓"冷暖自知"，就如同我们不能用同样的收入水平去测度不同经济发展地区的消费水平一样，对不平等的主观感受可以排除区域、经济发展等宏观结构性因素的干扰。如有研究者指出，"权力、收入、声望等理想事物在各阶层内部分配的趋同性和在各阶层之间分配的差异性，使得不同的阶层相互区别开来，不同的人由于对各种理想事物的占有不平等，被划到不同的阶层中去，所以无疑是社会分层的客体；不但如此，社会中的每一个人对社会都有一种'分层意识'，即关于自己和他人地位的看法，所以也是分层的主体"（聂元飞，1989），因此从受访者对其自身地位的主观判断来衡量社会的平等状况有着更为贴切的意义。

在此处，我们通过自评的方法，将城市居民的个人收入和社会地位分为10个层级，其中第1级最低，第10级最高。统计结果显示出两个特点。一是个人收入和社会地位自评分层对工作环境指数均有显著影响，即二者在工作环境指数上均存在一个最低层（主观个人收入的第9层、主观社会地位的第1层），同时，二者在工作环境指数上均有一个最高层（主观个人收入的第 8 层、主观社会地位的第 10 层）（见表 3 – 22）。二是个体对工作环境的评价并不总是随着分层的提高而不断改善，中层以上群体的评价不再继续上升，甚至有所下降（见图 3 – 44）。

表 3 – 22　个人收入和社会地位自评分层与工作环境指数的关系评价结果

自评分层	按个人收入	样本量	标准差	按社会地位	样本量	标准差
第 1 层（最低）	61. 4667	425	8. 65983	60. 2593	360	8. 49440
第 2 层	61. 2842	488	7. 86910	61. 8270	447	7. 79936
第 3 层	62. 5822	852	7. 54257	62. 2817	710	7. 71478
第 4 层	63. 6837	666	7. 35613	63. 3979	645	6. 89816
第 5 层	62. 9674	1116	8. 58255	63. 1621	1353	8. 55136
第 6 层	65. 2021	437	8. 21653	65. 1525	448	8. 00403
第 7 层	66. 5142	153	7. 53006	66. 5329	162	7. 95080
第 8 层	66. 6667	47	8. 92129	65. 7099	54	9. 44254
第 9 层	57. 6190	7	10. 26758	66. 4815	9	11. 85691
第 10 层（最高）	64. 4444	3	10. 04619	72. 2917	8	9. 63367

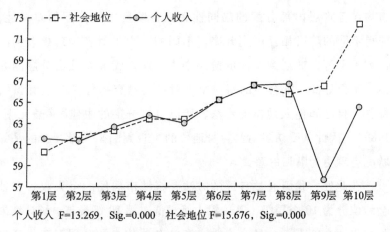

个人收入 F=13.269，Sig.=0.000　社会地位 F=15.676，Sig.=0.000

图 3 – 44　不同分层群体（自评）与工作环境指数的关系

总体而言，那些自评为处于社会低层的人们所感知到的工作环境更不好，这也符合实际与常理，但需要引起我们注意的是，如果社会的不平等状况是结构性的，亦即人们主观上的地位分化与客观地位分层具有较高的一致性，那么这个社会的不平等则已经固化，更缺乏上下的流通渠道，不利于社会的稳定与整合。

3.6.3.5 自尊与工作环境指数的关系

自尊是人类特有的，但自尊并非人类自然产生的，只有当个体在社会中作为某种关系的一部分而存在的时候，才拥有自尊。在心理学领域，自尊被看作个体在社会生活中认知和评价作为客体自我对社会主体（包括群体和他人）以及作为主体的自我的正向的自我情感体验，是稳定的人格倾向，对个人的认知、情绪和行为产生一种弥散性影响，与健康人格有密切关系。此外，自尊所包含的范围尚不一致。M. Rosenberg 认为，自尊是知觉到的个体的现实自我状态同理想或期望的自我状态之间的差异；Branden（1998）认为，"自尊的构成包含：自我效能（相信自己面对生活挑战的自信意识和成功的期盼）和自爱（肯定自己拥有幸福生活权利的意志和对自我价值的肯定）等"。综合以上观点，本次调查拟用一个自我效能感题器（"我的工作能够体现我的个人价值"）和一个自爱题器（"我的工作让我有成就感"）来考察个体的自尊，并进一步考察自尊与工作环境指数之间的关联。

通过对两个自尊题器的频次分析发现（见图 3-45），在自我效能感题器上，11.7%受访者能够明确感知到自己的工作在不同程度上体现了其个人价值，而有 45.9%受访者持相反态度，认为自己的工作并未实现其个人价值；在自爱题器上，15.7%受访者感受到了工作给其带来的成就感，而高达 38.8%的受访者则表示并未在现有的工作中得到成就感。综合来看，城市居民受访者的工作自尊感并不高，特别值得注意的是，有四成左右的受访者在自我效能感和自爱上均不高。

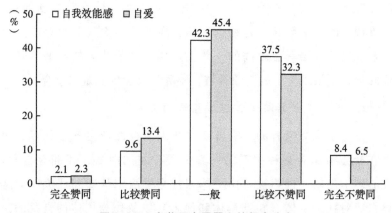

图 3-45　自尊两个题器上的频次分布

　　基于此，我们深入考察在上述的自尊状况下，城市居民受访者的工作环境指数的变动情况。结果发现（见图 3-46），自我效能感（F = 586.842，Sig. = 0.000）与自爱（F = 413.931，Sig. = 0.000）两个题器与工作环境指数均存在显著差异。观察图 3-46中两者的变化趋势，我们发现，在两个题器上，随着自我效能感或自爱程度的增加，个体的工作环境指数也呈现出显著的上升趋势。

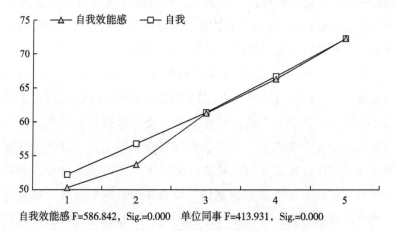

自我效能感 F=586.842, Sig.=0.000　单位同事 F=413.931, Sig.=0.000

图 3-46　自我效能感、自爱与工作环境指数的 ANOVA 分析

4 企业客观组织环境与岗位投入的关系：以自尊为中介变量

4.1 引言

在上一章关于工作环境的研究中，我们所使用的工作环境概念涵盖两方面的意涵：一是从个体层面与组织中观层面来考察个体对目前所处工作环境以及与之相关的社会条件的主观感受，验证一个假设："我作为个体是否在一个好的工作环境中工作，能够为创造良好的组织绩效做出贡献"；二是从社会宏观层面，考察良好的工作环境对大众生活质量、城市生活的各个方面产生的主观感受，验证另外一个假设："好的工作环境是否对大众的生活质量产生正相关的影响。"基于此，上述研究将工作环境操作化为工作环境指数，从客观工作环境、客观组织环境和主观心理环境三个维度去度量组织员工对所处工作环境的满意程度。

依据上一章中的调查数据，分别对三个维度与工作环境指数做 ANOVA 分析。结果如表 4 – 1 所示，客观工作环境（F = 330.626, Sig. = 0.000）、客观组织环境（F = 451.638, Sig. = 0.000）、主观心理环境（F = 341.657, Sig. = 0.000）与工作环境指数存在显著相关。比较 F 值大小，我们发现客观组织环境的 F 值为 451.638，远远大于其他两个维度（如表 4 – 1 所示）。结合上一章对工作环境的影响因素的分析，我们发现，中观组织环境对人们之所工作的环境的主观感受会产生显著的影响，因此，我们有理由推测，相较而言，一个企业里，员工对工作环境的满意程度更多取决于其自身所处的客观组织环境。因而，落实到探讨企业工作环境的诸多影响因素的这个环节上，我们将会针对客观组织环境及其影响进行细化而深入的讨论。

表 4 - 1　客观工作环境、客观组织环境、主观心理环境与
工作环境指数的 ANOVA 分析

客观工作环境			客观组织环境			主观心理环境		
F	Sig.	df	F	Sig.	df	F	Sig.	df
330.626	0.000	16	451.638	0.000	20	341.657	0.000	12

4.2　客观组织环境、自尊与岗位投入

什么是客观组织环境？最常见的定义来源于组织行为学家罗宾斯，他告诉我们，与具体工作内容和流程密切相关的中观环境，即是客观组织环境。然而，如果我们从组织中资源、权利和交换的角度去审视组织环境，将会发现一个独特的社会现象。这个独特的社会现象是：大多数社会成员被组织到一个一个具体的"单位组织"中，由这种单位组织给予他们社会行为的权利、身份和合法性，满足他们的各种需求，代表和维护他们的利益，控制他们的行为（李汉林、李路路，1999）。从这个层面去理解客观组织环境，我们就很容易发现，组织环境已经远远超出了一般社会组织的意义。它在实质上不仅是一种统治及统治的形式，而且更重要的是它是一种制度，一种深刻地受国家宏观制度环境影响、"嵌入"特定制度结构之中的特殊组织形态。为了进一步说明这一点，我们有必要首先做一些理论与概念的讨论和分析。

在社会学里，制度主要被看作在主流意识形态和价值观念基础上建立起来的，被认可、被结构化和强制执行的一些相对稳定的行为规范和取向。这种行为规范和取向融化于相应的社会角色

和社会地位之中，用以保证人与人之间的社会互动，调整人们相互之间的社会关系，满足人们的各种基本社会需求（Lau, E. E., 1978）。因而，我们上文之所以说客观组织环境即是一种制度，也主要是因为，在目前的中国社会里，客观组织环境多表现为一系列规章制度（人事制度、工作制度、奖惩制度等）所构成的虚拟环境，不管是企业单位、事业单位还是行政单位，都具有这样一系列在主流意识形态和价值观念基础上建立起来的、被认可和结构化的相对稳定的行为规范。这些行为规范融化于人们在单位组织中所扮演的各种不同的岗位角色以及所具有的不同的组织社会地位之中，调整着单位中人们相互之间的社会关系并保证着人们之间的社会互动。

基于上述阐释，本章将从社会学意义上对客观组织环境进行延伸，把它看作一种制度以及制度执行的动态过程，同时，借助"制度规范行为"的理论背景，探讨客观组织环境与员工岗位投入这类直接影响工作绩效的因素之间的关系。

为了进行深入分析，我们查阅了组织环境与岗位投入之间的相关研究。在文献梳理过程中，我们发现，就其本质而言，岗位投入这种现象，是中国人在当代社会转型时期所面临的人格现代化的一种张力，是应对这种张力时所产生的心理调适的一种表面效应。因此，在这种现象的背后是社会结构的变迁，而在心理调适和社会结构之间，则存在一个人格层次上的中介变量——自尊。特别是在组织情境下，心理学意义上的"自我"是嵌入组织制度和结构之下的，社会结构急剧变迁会首先反映在组织特征的多样性和间断性上，然后再投射到组织成员的人格结构上，最后才激起组织成员心理上的调适反应。

更重要的是，组织生活是一种高强度的角色投入。这种高度约束性的结构变迁和高强度的角色投入，只有经过自尊的过滤和分流，才会出现涂尔干的失范（负面）和熊彼特的创新（正面）。前者代表时代潮流的落伍者，后者代表时代潮流的引领者，但他们却处于同一个社会－心理过程的两端。因此，任何一项关于岗位投入的科学探索，都必须经由自尊这个中介过程，然后才能追溯到这种心理现象的社会根源，完成从个体到社会的社会学想象历程。

因此，基于上述的文献探讨，本部分研究的总体模型如图4－1所示。该概念模型以客观组织环境为自变量，以岗位投入为因变量，探讨客观组织环境与岗位投入的关系；以自尊为自变量，以岗位投入为因变量，探讨自尊与岗位投入的关系；以客观组织环境为自变量，以自尊为因变量，探讨客观组织环境与自尊的关系；同时进一步验证自尊在客观组织环境和岗位投入之间的中介作用效应。

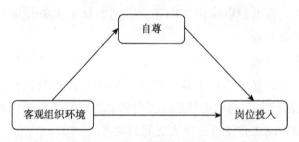

图4－1　组织环境与岗位投入的关系研究模型

4.3　概念操作化

4.3.1　客观组织环境

常见对组织环境的界定，来自组织行为学。组织行为学家们将组织环境看作一种制度安排的静态结果，是指与工作流程、组织人际关系、组织氛围相关的，影响个人工作行为和组织绩效的客观组织条件。如上所述，与这种静态观截然不同的是，如果我们把组织环境看作一种制度，那么这种制度之于人的作用就将会是一个动态的过程。

具体来讲，在中国传统的单位体制下，单位成员隶属具有分割性的单位组织之中，成员的个人利益寓于单位利益中，成员的目标实现有赖于组织途径。正如沃尔德所强调的那样，在单位体制下，员工对企业具有在社会和经济方面的高度依附性，而在其中扮演重要角色的就是具有权威特征的制度文化，即垂直性的施恩、回报关系网络。这种制度文化事实上就是具有社会化功能的组织文化，而在这种制度文化中，做积极分子或者在工作和道德上尽量表现无疑成为获得领导和单位认可的一种有效行事方式（沃尔德，1996）。沃尔德的分析在强调制度文化的同时，事实上指出了一项十分重要的议题：一个组织内部的员工行动模式并不是来自组织的制度明文规定，而是常常具有一种仪式性的色彩。这种行动模式或许与效率原则相去甚远，却具有制度合法性。在这个意义上，任何组织以及组织内部的员工行为方式脱离不了其所处的制度环境。甚至有学者认为，在传统的计划经济体制下，由于国有企业的员工是终身雇用制，工人在政治和经济地位上具有先天的合法性，所以管理者很难因为效率或纪律原因而解雇工人，造成一种管理上的悖论，即工厂管理者很难对企业员工的消极怠工或不合作行为进行有效的、彻底的控制（路风，2000）。可以看出，制度环境对组织乃至员工行为的影响作用非常大，而组织社会化过程正是组织一方面适应制度环境，另一方面通过内部的制度（文化）和技术（管理）创新来提高其效率的过程。基于此，本研究以动态的视角将组织环境操作化为组织社会化，以此进行后续的调查研究。

结合本章的研究，我们强调组织－个体的互动，从个体层面出发，组织社会化是指个体通过调整自己的工作行为、价值观念来认同组织目标和行为规范，内化组织的价值观念，逐步融入组织的过程（王雁飞、朱瑜，2006）；从组织层面出发，组织社会化是组织的制度设计，使组织成员的行为、价值观念与组织目标和原则相契合，从而不断提高组织适应性和效率的过程。在组织社会化的衡量上，本研究在王明辉的研究基础上通过三因素来定义组织社会化结构。

因素1——组织文化社会化：是指员工内化组织文化的过程，员工个体通过调整自己的工作态度、行为观念来不断适应组织的价值规范体系，逐渐认同组织目标和行为规范并有效融入组织。

因素2——工作胜任社会化：是指在组织社会化进程中，员工逐步了解自己的工作职责、学习工作技巧，不断提高自身工作效率，逐步达到能独立胜任工作的状态，并在工作岗位上能和领导及其他同事和谐共处，从而共同推动工作的发展。

因素3——人际关系社会化：是指在组织社会化进程中，员工逐渐融入组织人员系统脉络的过程，员工通过与同事、领导的接触，感受整个组织对于自己的认可和接受程度。

三个因素各由四个题器构成（见表4-2）。这些评价分为五个层次，"1"表示完全不赞同、"2"表示比较不赞同、"3"表示一般、"4"表示比较赞同、"5"表示完全赞同。分值越高，表明该受访者的组织社会化程度越高。

表4-2 组织社会化的因素构成和题器设置

指数	因素	题器
组织社会化	组织文化社会化	我了解企业的经营方向
		我认可企业的用人标准
		我拥护企业的奖励政策
		我熟悉企业的财务状况
	工作胜任社会化	我能自主决定自己岗位上的大多数事情，并对其负责
		我常常参与关于我工作内容的各项决策
		我常常会表达对工作的改进意见
		在工作上，我和主管之间能够做到畅所欲言
	人际关系社会化	领导说话总是台上一套、台下一套
		在目前的社会环境中，只有踩着别人肩膀才有可能往上爬
		社会上的大多数富人发的都是不义之财
		逢人只说三分话，不可全掏一片心

4.3.2 自尊

什么是自尊？这并没有一个简单的答案。早在 20 世纪 80 年代，心理学家 James 就从实用主义的视角对自尊做了如下解释："自尊是由自我情感构成的，这些情感是一种独立于外部情境、指向个体自身的总体感受。"（James，W.，1983）他还提出了关于自尊的公式：自尊 = 成功/志向，即个人的自尊是他的实际成就与期望之间的比值（James，W.，1983）。当然，并不是所有的学者都是如此简单地看待自尊这个概念。大体说来，不同的学者从三个维度来界定自尊：一是将自尊理解为某种参照系下的自观产物的参照维度（如 Rosenberg，1965 等），二是将自尊作为评价产物的评价维度（如 Cooper Smith，1959，1967；Santrock，2001），三是把自尊作为由不同成分构成的复合体的构成维度（如 Branden，1995；Steffenhagen & Burns，1987）。

从心理学的主流范式定义的自尊，在我们看来，是在自我认知的基础上，个体对社会评价所做出的情感反应。首先，自尊是一种情感反应，它会直接或间接地体现在个体的社会行为中。其次，自尊具有明显的社会比较性，它是自我认知和社会评价在个体意识中产生的、具有连续性的比较过程。最后，自尊具有显著的个体性，因为自我认知和社会评价的比较以及由此而产生的情感效能，都是在自我世界中发生的，对于外界而言，存在明显的"黑箱屏蔽"效应，无法加以观察。我们可以将自尊的社会比较性作为关注点，并注意将在何种比较的情境下来考察自尊，这些情境对自尊的形成和外显有何种意义，进而思考自尊的构建在何种意义上可以冲破主观世界的"黑箱屏蔽"，进入以结构、秩序为核心分析概念的理论框架。

鉴于本研究着眼于组织中自尊如何影响个体的组织社会化与其岗位投入，因此，我们将自尊这一概念操作化为自尊社会性，即是个体对组织因其个体组织行为所做出的反馈的情感反应。在这个意义上讨论自尊社会性，事实上把"主我"自尊和"客我"自尊统一在一个概念之下，在社会组织的行动过程中，通过戈夫曼"前台"和"后台"的预设（戈夫曼，2008），帮助行动者打开了认知社会秩序（这里主要指组织秩序）的途径，使二者互相作为镜像，重新界定二者的行为，产生新的对象、新的互动和新的行为类型。

本书通过文献分析和实践经验，将自尊社会性划分为组织认同、领导影响和组织气氛几个范畴。

因素 1——组织认同：是指在组织运行过程中，组织及组织内其他成员对于个体在组织中的组织行为及其绩效所做出的自我评价，是自尊社会性重要的外延部分，直接影响着自尊社会性水平。

因素 2——领导影响：是指不同类型的领导通过在日常管理活动中表现出的各种行为，让员工感受到鼓励、支持以及反对、被打压等影响员工自尊组织性的正反两方面因素，员工感知并对此做出自己的感应性评判。

因素 3——组织气氛：是指在组织运行过程中，组织所特有的情景和氛围，这种情景和氛围难以客观测量，但是能够被员工所感知到的，更准确而言是一种潜在的状态，不仅影响着员工的行为观念，而且员工的言行进一步影响和构建着组织气氛。

三个因素各由四个题器构成（见表 4 - 3）。这些评价分为五个层次，"1"表示完全不赞同、"2"表示比较不赞同、"3"表示一般、"4"表示比较赞同、"5"表示完全赞同。分值越高，表明该受访者的自尊社会性越强。

表 4 - 3　自尊社会性的因素构成和题器设置

指数	因素	题器
自尊 社会性	组织认同	我在单位里受到重用
		未来三年，我能在单位里获得升迁
		像我这样的人有意见，同事和单位会给予重视

指数	因素	题器
自尊社会性	领导影响	总的来说，我对我们单位的领导很信任
		在我们单位中，大多数领导能做到廉洁奉公
		我觉得我们领导在分配资源和处理问题上很公平
	组织气氛	我非常了解我们企业
		企业充满积极学习成长的气氛
		我的工作能力经常能得到同事的肯定和赞扬

4.3.3　岗位投入

什么是"岗位投入"？在文献检索过程中，我们发现，最早的定义是由 Lodahl 和 Kejnar 提出的。他们从心理认同的角度，把岗位投入定义为个体对其工作的心理认同程度，并进一步指出，岗位投入是个人自尊影响工作绩效的关键（Lodahl, T. M. & Kejnar, M., 1965）。但在学术界，常见的观点认为，Kahn 和 Antonucci 是最先提出"岗位投入"的学者。他们从角色认同的角度，把岗位投入定义为"组织成员控制自我，达到自我与工作角色相结合"，并认为，自我与工作角色处于一个动态和相互转化的过程中：当个体的岗位投入程度较高时，个体会将自己的精力投入角色行为中，并在角色中展现自我（Kahn, R. L. & Antonucci, T. C., 1980：253 - 286）。

本书对岗位投入的界定维度和心理学存在学科上的差异。从组织学的研究角度来说，一个基本的问题是：不同个体如何协调成一个具有行动力的统一整体？从这个基本问题出发，所谓岗位投入，就是组织协调的人格机制，它是这个基本问题的人格解答，即组织通过各种制度设置和权力运作，通过人格这个枢纽，调动其中蕴含的各种心理机制（包括意志、情绪、认知），以达到个体行动和组织任务相一致的状态。至于个体在这个过程中所获得的心理感受（满足感、自豪感、成就感等）则已经是这个人格机制的反馈过程，是人格机制在个体层面上的心理效应，然后，再反过来促进或削弱组织协调的人格机制的运作效率。

在岗位投入的测量研究中，最早是由 Maslach 和 Jackson 两人把岗位倦怠看作岗位投入的反面进行测量，他们经过探索性因子分析，在初始的 47 个题器中保留了 25 个题器，形成 3 个子量表，共同组成"马氏倦怠题库"（Maslach Burnout Inventory，缩写为 MBI）（Maslach，C. & Jackson，S. E. , 1981）。该量表最初应用环境是服务性行业，组织成员的工作对象是顾客。但是，如果我们直接从"岗位投入"的测量工具来追溯的话，Schaufeli 等人的"Utrecht 岗位投入量表"（The Utrecht Work Engagement Scale，缩写为 UWES）（Schaufeli et al. , 2006）则更为专业。该量表在精力充沛、全心全意和专心致志三个维度上测量组织成员的岗位投入程度，它也是目前相关实证研究中应用最为广泛的岗位投入测量工具。在此基础上，我国学者又在分析工作投入现状的基础上，将工作投入定义为员工在工作中所体现出的一种积极的工作状态和完满的情绪状态，并且强调此种状态不会因为具体的客观情景和目标差异而有较大波动，呈现出一种较为持续和稳定的特征（李锐、凌文辁，2007；叶莲花、凌文辁，2007）。我们较为同意这种界定和对岗位投入正向作用的强调，并在 Schaufeli 等人研究的基础上将岗位投入划分为活力、奉献和专注三个维度，通过构建三个量表进行测量。

因素 1——奉献：主要测量在工作中，员工是否具有强烈的参与性和付出性，如高付出而不求经济回报，甚至排斥物质性的激励，更关注组织利益和自我价值的实现。

因素 2——活力：一方面测量员工在工作中的身体机能状态是否良好，另一方面更为强调员工在面对工作中困难时所表现出的主观状态和行为特征，如是否有干劲、是否有效率等。

因素 3——专注：强调的是员工在工作中所表现出的工作状态，即是否能够全身心地投入工作之中而不为外界所干扰，在多大程度上能够做到心无旁骛，并能够在工作中体会到愉悦感而沉浸在工作之中。

三个因素各由四个题器构成（见表4-4）。这些评价分为五个层次，"1"表示完全不赞同、"2"表示比较不赞同、"3"表示一般、"4"表示比较赞同、"5"表示完全赞同。分值越高，表明该受访者在岗位上的投入度越高。

表4-4　岗位投入的因素构成和题器设置

指数	因素	题器
岗位投入	奉献	在单位中，我能尽心尽力，完成自己不愿做的工作
		只要大家能够幸福，我个人吃点苦、受点累也是应该的
		为了顾全大局，我愿意牺牲个人利益
		为了单位的发展，我愿意做出牺牲和奉献
	活力	对于工作，我干劲十足
		即使加班，我也能保证工作效率
		遇到困难，我不会泄气
		工作过程中，我不知疲倦
	专注	工作过程中我百分百地投入努力
		我会执着地完成自己的工作
		我在自己的专项领域投入了巨大精力
		我在产品或服务质量评分方面排位靠前

4.3.4　组织社会化、自尊社会性与岗位投入的关系

4.3.4.1　组织社会化与岗位投入的关系

从组织社会化与岗位投入的关系来看，组织成员的投入程度无疑与其对组织目标的内化相关，我们不能指望一个对组织没有任何归属感、与组织目标毫无利益相关性的成员能够全身心地投入工作之中。在工作场所，为人所熟知并被学界不断研究的"搭便车"和"磨洋工"等现象，在一定程度上都可以看作投入不足，

或者更确切而言是工作倦怠的一种表现。有鉴于此，研究者日益将对工作倦怠的分析整合到有关岗位投入的研究之中，有研究者认为这一发展趋势获益于积极心理学的推动，从而在一个整合的视角下看待企业员工的身心健康问题，具有更为重要的理论和实践价值（王彦峰、秦金亮，2009）。正是在这个意义上，传统观点中与岗位投入相背离的工作倦怠实质上是投入不足的体现。因而，新近的研究开始转变思路，将工作倦怠视为岗位投入的一个起点，强调从"倦怠"到"投入"，从"消极"到"积极"，从"分离"到"整合"，从"反对"到"干预"（李永鑫、张阔，2007）。

那么关于如何将员工在工作中的倦怠行为转化为积极的岗位投入，而其与组织社会化之间又有何关联，需要我们对以往的相关文献进一步梳理。随着市场经济体制不断完善，组织的效率性取向不断增强，其所面对的制度环境也日益多元，尤其是一些新兴市场组织可以依据自身的目标灵活设置组织结构和制度，不同类型组织的员工也有着不同的社会化过程。但就组织主体而言，对员工的社会化实质上都有着相似的目标，那就是使员工的工作目标与组织目标同构，提升员工工作的积极性，增强员工岗位投入和组织认同。回到我们前文所谈到的"搭便车"现象，奥尔森认为这种现象的产生主要是因为组织中的"集体激励"（collective incentive）给了组织成员可乘之机，因此，选择性激励（selective incentive）就成为解决"搭便车"困境的有效策略。当然，奥尔森的假设基础是，组织成员都是理性的个体，我们可以从另外一种视角出发，即从组织的视角来看，如果组织成员想要达到自己的目标，必须与组织目标相一致，与我们的研究相关的，就是在组织中，针对不同的工作目标和员工特征采取不同的社会化策略。

Chao 等人在《组织社会化：内容及其结果》一文中通过实证数据，构建了组织社会化的量表并分析了其影响结果，他们通过因子分析，构建了组织社会化的六个维度，分别是工作熟练度（performance proficiency）、组织政治（politics）、组织语言（language)、人际关系（people）、组织目标/价值（goals/values）、组织历史传统（history）。然后分析了组织社会化对员工收入、工作投入、身份认同、工作适应性和工作满意度的影响。结果表明，组织目标/价值的社会化程度对工作投入、工作满意度以及工作适应性都有着显著的影响作用；组织历史传统的社会化同样影响员工的身份认同和工作满意度；组织语言的社会化程度与员工的身份认同呈正相关关系（Chao et al.，1994）。

赫尔雷格尔等则非常具体地列举了组织社会化过程可能导致的积极和消极后果（见表4－5）（赫尔雷格尔等，2001），这些方面表明，企业组织社会化的成败将直接影响员工的行为与态度。Fu 和 Shaffer 的研究将组织社会化定义为，个体拥有合适的工作技能、组织功能性知识的习得以及获得同事支持网络的过程，社会化过程可以通过两种中间机制发挥作用，一种是切入群体中（fit to group），另一种则是切入组织中（fit to organization）（Fu，C. K. & Shaffer，M. A.，2008）。而进入一个新组织的外来者由于缺乏与他人互动的社会技能则会产生压力和焦虑。

表4－5　组织社会化过程的可能结果示意

良好的组织社会化结果的体现	不良好的组织社会化结果的体现
工作正向情绪高	工作正向情绪低
角色清楚	角色含糊与冲突
较强的工作动力	较低的工作动力
理解文化、自觉控制	误会、失控
较高的岗位投入与参与	较低的岗位投入与参与
对组织承担义务	对组织很少承担义务
对组织忠诚	缺勤、旷工、离职
较高的工作绩效	较低的工作绩效
认同组织愿景	排斥组织愿景
努力参与工作合作	排斥工作合作

通过上述的研究，我们发现组织社会化是个体与组织双方互动的过程，成功的组织社会化对组织与个人会产生积极的影响。基于此，本研究提出以下假设：

H1：组织社会化对于员工岗位投入有显著的正向影响作用。

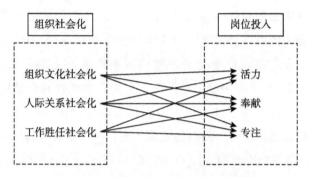

图 4 - 2　组织社会化与岗位投入子模型

4.3.4.2　组织社会化与自尊社会性的关系

组织社会化对员工的影响可谓既深且广，除了上文所强调的岗位投入，其亦是影响员工自尊的重要过程。事实上，本书所强调的无论是岗位投入还是自尊都是组织激励的关键方面，通过组织社会化过程使员工的行为与组织目标一致。在组织社会学研究中，人们一直关注组织激励的双方，即委托－代理，探讨管理者如何通过有效的激励措施使得员工能够最大限度避免由于信息不对称而出现的道德风险问题。事实上，从组织社会化的视角出发，我们一方面需要避免陷入"低度社会化"的逻辑，另一方面要防止"过度社会化"的不足。所谓"低度社会化"主要是指在经济学的研究领域中，人们的行动都是理性的，是受到利益驱动的，人们的任何行动和态度都可以在理性人的逻辑中进行解答。如组织成员的岗位投入不足，是受到其成本－收益的考量而决定的。

这种视角在一定程度上将社会个体看作完全的理性主体而剥离了其社会性，也就是说是一种"低度的社会化"。与此相反，组织研究中的制度学派将社会个体的行动都看作社会制度规范的结果，是个体为了适应社会文化期待以实现合法性的结果，如员工的岗位投入不足不是因为其没有受到有效的经济激励，而是在这一组织中，所有员工都持有相似的价值观念。这种视角在一定程度上抹杀了个体的能动性，从而是一种"过度社会化"的体现。

我们在此处强调的组织社会化既要避免将个体看作完全的理性主体，也要防止将其看作社会化的被动对象，而是应该从韦伯对行动者的定义出发，认为不仅社会个体是真实可见的，而且社会结构也是真实的，从而构建一种完全的经验模型，以区别于形式模型。因而一个组织中，对员工社会化的后果既体现在外显层面，如岗位投入，也反映在内隐层面，如自尊。而社会化的本质就是一种观念规范的习得过程，只不过这种习得的方式因不同组织而差异万千。比如，在一个强调技术创新的组织中，员工社会化的过程断然不同于一个层级结构分明的官僚组织。在这个意义上，组织社会化受到组织结构的影响，同时也与组织目标一致。但是我们一再强调的是，无论是何种的组织社会化都应该将员工置于组织的核心地位，将员工带回到分析的中心（bring the employee back in），只有在这个基础之上，员工的岗位投入和自尊才与社会化的目标和结果相一致。

回到本节的讨论议题，在组织心理学的范畴之中，自尊以一种深层次的心境的形式存在于人们的心理背景中，它是人类的一种比较稳定的自我情感，通过直接影响人的心理情绪，间接制约人的活动动机，进而影响人们的整个精神面貌。在这个意义上，自尊是一种个体性的心理反应，但由于个体的社会属性，自尊同时包含着重要的社会意义，也是社会建构的结果。正如我们在前文所认为的那样，自尊的社会性是在与组织成员互动过程中逐渐形成和建立的。

从社会网络学派的观点来看，在一个组织中，员工都是处于一个互动网络的不同节点之上，而不同的员工不仅共享着这一组织的观念文化、与这一组织的其他成员之间建立关系，而且他自身亦同时是其他组织的成员，有着其他组织的烙印。因而个体不仅具有不同于其他成员的独立性，也受到组织制度的规约，其所嵌入的关系网络越复杂，其要受到越多的约束，也就是需要接受不同组织的社会化。在这一过程中，这些不同的组织或网络确立了行动者的社会地位以及社会期待、角色身份，同时也形塑和建构着行动者的心理认同，自尊的社会性当属于其中一项。自尊社会性的形成需要组织成员的互动与反馈、赞赏与支持，简单而言，就是需要组织的认可。自尊社会性的表现可以是较强的归属感、积极的岗位投入，也可以是工作满意度的提升。有研究者对组织社会化与员工的自我效能感之间的关系进行了分析，他们将组织社会化分为文化社会化、人际关系社会化、工作胜任社会化和政治社会化，结果发现工作胜任社会化和人际关系社会化的水平越高，员工的满意度水平越高；同时较高水平的人际关系社会化能够有效降低员工的离职倾向；组织的社会化策略需要与员工的自我效能感相匹配，才能更好地提升员工的"圈内归属"感（胡冬梅、陈维政，2012）。这项研究中，研究者认为自我效能感是员工认为自己能够有效驾驭自身技能的直觉，是一种内在的心理感受，但毫无疑问这种效能感是会随着组织环境的变化而发生改变的。我们经常说"这个员工很有自信"，一方面表示他自己对做好一件事情有很大的把握，另一方面也是外界对他的一种评价，但这种评价会进一步强化他自身的感受，即所谓"自我实现预言"。这在一定程度上与自尊社会性是十分相关的，或者说可以看作自尊社会性的一个层面。

与上述研究相关，有效的组织社会化策略不仅能提升员工的满意度，同样也会强化员工的组织认同度。有研究指出，在组织身份与个人身份特征之间，组织认同发挥着重要的联系机制作用，组织认同度越高，组织成员越会认为自己的身份特征与组织身份特征一致（苏雪梅、葛建华，2007），当然这种组织认同是建立在长期有效的组织社会化基础之上的。组织成员对组织文化的了解和内化程度越深，其对组织身份的认同度就越高，比如在单位制时期，各个单位事实上是一种功能齐全的小社会，因而在这种组织环境中工作、生活的成员势必有着强烈的认同感和归属感。在日常生活中，陌生人聊天，一般都会问"你是哪个单位的"，事实上都隐含着一种对组织身份的强调。可以说组织身份与个人身份一同构建了每一个独特的社会个体，就如同自尊的个体性与社会性一样，组织社会化的结果不仅是要增强员工的岗位投入，也需要提升员工的自尊社会性水平。基于此，本书提出以下假设：

H2：组织社会化对于自尊社会性水平有显著的正向影响作用。

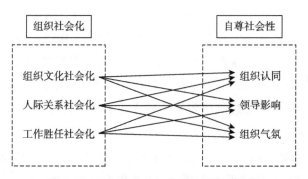

图 4 - 3　组织社会化与自尊社会性子模型

4.3.4.3　自尊社会性与岗位投入的关系

自尊社会性与岗位投入不仅是组织社会化的结果变量，以往的研究结果表明，二者之间亦有着一定的相互关系。有研究者从分化与整合的视角出发对自尊结构与被试者的自我调适之间的关系进行了研究，其将自尊操作化为内隐自尊和外显自尊，研究发现，被试者的自尊结构与其自我概念的调适之间有着显著的相关关系。内隐自尊对外显自尊与自我概念清晰性之间有着重要的调节作用，表现在高内隐自尊的被试者外显自尊与自我概念呈显著的正相关关系，与低内隐自尊的被试者相比较，高内隐自尊者的自我概念更为清晰，自尊结构不一致的个体（高内隐－低外显自尊/低内隐－高外显自尊）对自我概念的整合性水平更低（梁宁建等，2009）。

个体的自尊结构是一种内在的存在，但当我们强调其社会属性时，自然与个体所处的外在环境相关。在一个组织中，员工的工作－生活质量（QWL）形塑和影响着其自尊社会性水平。有研究者运用实证方法研究现代企业中知识型员工的工作－生活质量与其职业挫折感之间的关系，并且以个人属性及企业性质作为调节变量，其所构建的理论模型建立在以下几项假设之上，即知识型员工的工作－生活质量受到企业性质的影响；除了结构性因素的影响，员工个体的 QWL 认知水平亦是影响其挫折感的重要因素。研究发现，在总体上员工的工作－生活质量与挫折感呈负相关，这也与我们的一般常识相一致。但就具体方面而言，QWL 的不同维度与挫折感之间的关系性质并不一致，其中工作任务维度和组织环境维度与挫折感负向相关，意味着员工对工作任务和环境越满意，挫折感越低；生活和心理维度与挫折感之间不具有统计上的显著意义。企业性质（国有、民营、中外合资、外商独资和其他）和个人属性（性别、婚姻状况、年龄、教育程度、工作年限、职位级别、年收入）对 QWL 和挫折感只是部分地发生作用（顾少华，2008）。

刘海玲在前人研究的基础之上，结合我国企业的实际情况，界定了工作－生活质量的概念，编制了企业员工工作－生活质量问卷，提出并验证了工作－生活质量的七维结构模型，这七维结构包括工作特性、工作成长、升迁奖酬、人际关系、工作与家庭休闲、生活保障和尊重（刘海玲，2006）。研究结果显示，员工的工作－生活质量和组织承诺之间具有显著的正相关关系，工作－

生活质量高的员工的组织承诺显著高于工作－生活质量低者，也就意味着工作－生活质量对组织承诺有积极的预测作用。事实上，对于工作质量的定义也体现出自尊社会性的成分，卿涛等在构建工作－生活质量维度时便认为自尊是其重要的维度之一（卿涛、彭天宇、罗键，2007）。上述研究在一定程度上表明，自尊社会性与岗位投入之间存在某种相关关系。基于此，本书提出以下假设：

H3：自尊社会性对于岗位投入有显著的正向影响作用。

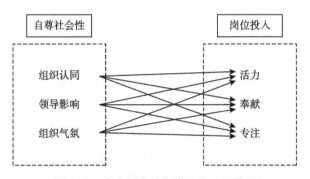

图 4－4 自尊社会性与岗位投入子模型

4.3.4.4 组织社会化、自尊社会性与岗位投入的关系

Kammeyer-Muller 等的研究发现，组织社会化程度与员工工作适应、工作满足和工作绩效均存在正相关关系（Kammeyer-Muller, J. D. & Wanberg, C. R., 2003）。Joan E. Finegan 探讨了个人价值、组织价值和组织承诺之间的关系，他在多层回归分析的结果中发现员工在组织价值的认知上对承诺是有预期心理的（Finegan, J. E., 2000）。此外，情感、规范和继续的承诺都在不同的价值群（clusters of value）中被预期。有研究者试图在中国情境下探讨员工组织社会化内容对情感承诺、组织公民行为的影响。分析结果发现，有效的员工组织社会化能提升情感承诺，员工组织社会化和情感承诺是促使组织公民行为形成的重要影响因素。组织社会

化不仅直接影响组织公民行为，而且通过情感承诺发挥着间接作用（张香美，2010）。有研究从组织社会化的整合－交互作用视角出发，认为组织社会化是将外部个体转化为内部成员，从而使其在组织中享有参与和效益分享权利的过程。该项研究重点分析了符号互动与组织社会化的关系，并建立了组织社会化的交互作用模型，认为新员工的组织社会化事实上更多的是一种互动的过程，通过互动以及组织内的关系网络，逐渐对组织产生认同，习得工作技能、形成角色认知，被组织同化，达到提升工作满意度、工作绩效，降低离职意向和工作倦怠的目的（姚琦、乐国安，2008）。

王明辉对我国企业员工组织社会化内容的结构和测量方法进行了确定，并分别对员工组织社会化的影响因素和员工组织社会化的影响效果进行了探讨，他认为组织社会化是一个从预期社会化、适应到角色管理的线性过程，组织社会化的程度越高，员工的工作满意度、工作绩效、工作适应性、组织承诺度以及组织认同度越高（王明辉，2006）。这意味着一个不断内化组织目标、价值体系和规范的过程，不仅是员工学习、调适的过程，也是员工得到激励的过程，逐渐使得员工的行为目标与组织的目标相一致，整体上提升组织的竞争力。

许科等研究者采用自行编制的组织社会化内容问卷（包括组织文化社会化、工作胜任社会化、人际关系社会化和组织政治社会化），通过对382名企业员工发放五种类型的问卷（组织社会化内容问卷、工作绩效问卷、工作满意度问卷、组织认同问卷、离职意愿问卷）进行调查，运用潜变量路径分析技术，探讨了员工组织社会化程度和员工行为绩效间的关系。结果表明：组织文化社会化对员工组织认同有显著正向影响，并通过组织认同间接影响员工的离职意愿；工作胜任社会化水平越高，工作绩效越高；人际关系社会化水平越高，工作绩效和工作满意度越高；组织政治社会化不但会降低组织认同，还会增加员工的离职倾向（见图4－5）

（许科、王明辉、刘永芳，2008）。何立、凌文辁以我国企业员工为调查对象，对不同领导风格与下属的组织认同、岗位投入和工作绩效的关系进行了实证研究。结果表明，变革型领导既可以直接对员工的岗位投入状况产生正面影响，也可以通过组织认同的部分中介作用对岗位投入产生促进作用，而其对员工工作绩效的影响则是通过员工组织认同和岗位投入的中介作用来产生的（何立、凌文辁，2010）。事实上领导风格隐含的是员工与领导之间的关系，其同样是组织社会化的重要方面。

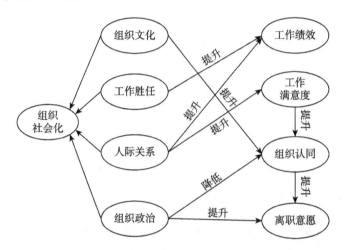

图 4-5 组织社会化的构成及其影响结果

综合有关文献，本研究尝试就组织社会化、自尊社会性及岗位投入三者之间的关系做进一步论证，假设不同程度的组织社会化对员工的自尊社会性产生不同影响，并通过自尊社会性对员工的岗位投入产生积极或消极的影响。所以，本研究提出以下三者之间的关系假设并拟加以验证：

H4：自尊社会性在组织社会化和员工岗位投入之间起到中介作用。

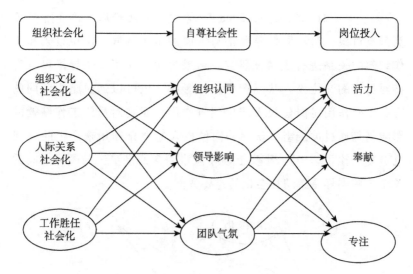

图4-6 自尊社会性的中介效应模型

4.4 分析与结论

4.4.1 样本数据获取

现阶段中国大陆尚未编制出完整的企业黄历，这就使得本次企业工作环境的调查缺乏一个完整的中国企业抽样框。为了解决这一问题，我们借助2014年全国社会发展与社会态度调查的大规模抽样之便，在所得抽样调查对象中进行第二次筛选，从中筛选出工作单位为"企业"的被试，以此作为本部分数据分析的样本。

样本获得采取多阶抽样设计，其中县级行政区（市辖区、县级市）为一级抽样单位（primary sampling unit, PSU），社区（居委会）为二级抽样单位（second sampling unit, SSU），家庭户为三级抽样单位（third sampling unit, TSU），最终抽样单位为个人（ultimate sampling unit, USU）。

抽样流程兼顾便利调查操作与缩小抽样误差。在此原则下，我们确定 PSU 的抽取数量为 60。然后，在抽中的 PSU 中随机抽取 9 个社区（居委会）。之后，在抽中的社区（居委会）中按定距方式抽取 15 个家庭户，在抽中的家庭户中由访问员采用随机数表（Kish 表）在 16 岁以上的家庭成员中抽选 1 人作为被调查对象。

4.4.2 样本特征的描述

从表 4 - 6 中，我们可以看到样本中男性占比 51.4%，稍微高于女性的占比 48.6%。政治面貌方面，共青团员和共产党员联合占比达到 35.8%，普通群众占比 63.2%。家庭工作人数方面，均值达到 1.8954，标准差较小。

表 4 - 6　样本社会人口变量的描述性统计 （n = 1909）

变量	类别	统计
性别	男	51.4%
	女	48.6%
年龄	18～30 岁	8.3%
	31～40 岁	29.0%
	41～50 岁	35.0%
	51～60 岁	23.5%
	61 岁及以上	4.2%
政治面貌	共青团员	11.0%
	共产党员	24.8%
	民主党派	1.0%
	普通群众	63.2%
家庭工作人数	最大值	5
	最小值	1
	均值	1.8954
	标准差	0.6874

续表

变量	类别	统计
受教育程度	初中及以下	24.0%
	高中、技校、职高	35.0%
	大专	22.0%
	大学及以上	19.0%
工作份数	最大值	5
	最小值	1
	均值	1.72
	标准差	1.0001

样本中，18～30岁、31～40岁、41～50岁、51～60岁和61岁及以上的占比分别是8.3%、29.0%、35.0%、23.5%和4.2%。有效劳动力大部分处于31～60岁的中后年龄段，而18～30岁的青年年龄段占比则明显偏小。

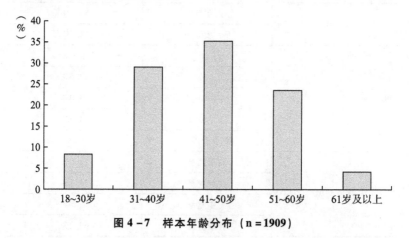

图4-7　样本年龄分布（n=1909）

从图4-8可以看到，样本中较大部分的人员迄今为止的工作份数为1，说明并未经历过由跳槽或者解雇等造成的再就业现象，大部分的人员工作较为稳定。小部分的人员曾经经历过1次换工作，但极少的人经历过多次换工作。

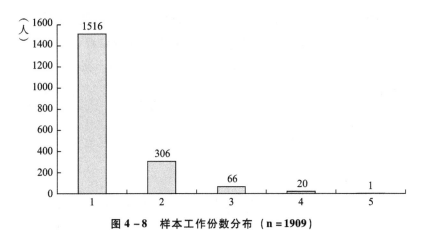

图4-8 样本工作份数分布（n=1909）

图4-9反映出受访者工作企业集中度较高的行业有服务业、手工业、商业、金融保险业、以非农产品为原料的制造业和信息产业，其中服务业和商业吸纳就业人员较多，说明第三产业的占比相对较高。

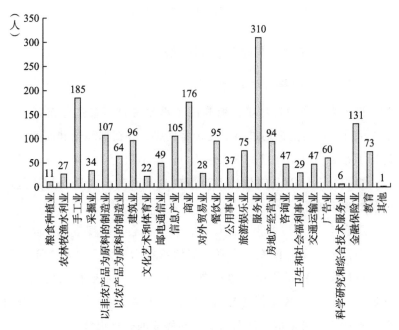

图4-9 样本工作企业行业分布（n=1909）

图4-10显示的是样本所在企业的类型分布，私营企业的占比最大，其次分别是国有企业、股份制企业、外资企业，而乡镇企业、集体企业、合资企业等其他企业类型的占比并不突出。

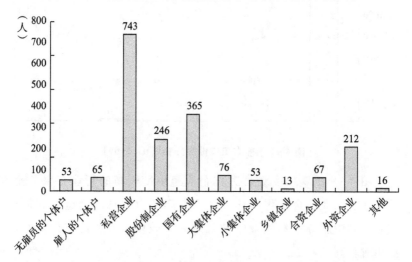

图4-10　样本工作企业类型分布（n=1909）

4.4.3　描述性与总体回归分析

4.4.3.1　数据描述统计分析

接下来，我们将对统计所需的关键变量进行描述性统计（见表4-7），这些变量通过因子旋转而生成，并根据理论和研究需要进行了命名，每个变量的最大值为5，最小值为1。其中自尊社会性、组织社会化以及岗位投入为潜变量，而其余变量则为这些潜变量的观测变量。

从表4-7可以看出，总体上，自尊社会性的度量水平高于组织社会化水平和岗位投入水平，但组织社会化水平的标准差显著于自尊社会性和岗位投入的标准差。同时，三个变量的均值水平都处于（3，4）区间，具有相似特征。此外，各个分维度上都出现了1和5的极端值，表明出现不同程度的分化现象。

表 4 - 7   样本数据关键变量的描述性统计分析（n = 1909）

	分维度	最大值	最小值	均值	标准差
自尊 社会性	组织认同	5	1	3.6036	0.6432
	领导影响	5	1	3.4179	0.6532
	组织气氛	5	1	3.8572	0.7157
组织 社会化	组织文化社会化	5	1	3.2927	0.9542
	工作胜任社会化	5	1	3.0699	0.7666
	人际关系社会化	5	1	3.2541	0.8557
岗位投入	奉献	5	1	3.5606	0.6594
	活力	5	1	3.375	0.6174
	专注	5	1	3.8185	0.7889

4.4.3.2   总体回归分析

为了深入研究组织社会化、自尊社会性和岗位投入之间的内在关系，本书采用多元回归方法探讨组织社会化和自尊社会性对岗位投入的预测作用。将岗位投入作为因变量，将组织社会化和自尊社会性作为自变量来进行回归分析，探讨三者之间的内在关系。总体回归结果如表 4 - 8 所示。

表 4 - 8   总体回归分析结果（n = 1909）

因变量		岗位投入			自尊社会性
		模型（1）	模型（2）	模型（3）	模型（4）
自变量	截距	0.95 ***	2.221 ***	1.476 ***	2.459 ***
	组织社会化	0.517 ***	0.426 ***		0.364 ***
	自尊社会性	0.237 ***		0.582 ***	
R^2		0.370	0.134	0.333	0.1
调整 R^2		0.368	0.132	0.332	0.098
F		159.461 ***	83.814 ***	271.136 ***	60.078 ***

注：*** 、 ** 和 * 分别表示结果在显著水平 1% 、5% 和 10% 的条件下显著，以下相同。

观察输出结果，模型（1）为完全模型，调整 R^2 为 0.368，表明组织社会化和自尊社会性共解释了岗位投入 36.8% 的变异量，并且通过 F 检验说明这种联合影响是不可拒绝的。同时，组织社会化和自尊社会性对组织个体岗位投入同时有非常显著的正向影响作用，其中组织社会性的正向影响作用更为明显。具体而言，在控制组织社会化的条件下，自尊社会性每提升 1 个单位，员工的岗位投入增加约 0.24 个单位；在控制自尊社会性的条件下，组织社会化每提升 1 个单位，员工的岗位投入增加约 0.52 个单位。进一步的我们发现，组织社会化对员工的自尊社会性有显著的正向影响作用。统计结果初步证实了我们在前文所提出的研究假设。

通过上述分析，从总体上看，组织社会化程度和自尊社会性水平对于员工岗位投入有显著的正向影响，这是因为组织社会化程度通过影响员工工作绩效、工作适应、工作满足、组织认同和组织承诺，进而对员工岗位投入有显著影响。这也为接下来深入分析各个变量子维度的影响关系提供了先决条件。

4.4.4　变量子维度回归分析

4.4.4.1　组织社会化对岗位投入的影响

首先，通过整体回归来分析组织社会化对于岗位投入的总体影响关系，见图 4-2 模型。分析结果显示，在不考虑其他变量影响的前提下，组织社会化水平每增加 1 个单位，员工的岗位投入水平提升约 0.43 个单位，组织社会化总体上能解释岗位投入 13.2% 的变异量，二者之间的关系具有统计上的显著性。因此假设 H1（组织社会化对于员工岗位投入有显著的正向影响作用）获得验证，这为接下来深入分析各个变量子维度的影响关系提供了先决条件。

将岗位投入的各个维度作为因变量，将组织社会化的各个维度作为自变量，采用多元回归的方法来深入探讨组织社会化对岗位投入的预测作用。多元回归分析结果如表 4-9 所示。

表 4 - 9　组织社会化对岗位投入的多元回归分析（n = 1909）

自变量 （组织社会化）	因变量（岗位投入）		
	奉献	活力	专注
组织文化社会化	- 0.036	- 0.064	0.021
工作胜任社会化	0.259 ***	0.347 ***	- 0.011
人际关系社会化	0.095 *	0.423 ***	0.324 ***
R^2	0.092	0.395	0.096
F	19.323 ***	119.400 ***	20.213 ***

多元回归分析显示，组织社会化对于岗位投入的显著正向影响不能分解为各变量之间的显著正向影响。首先，组织文化社会化对于岗位投入的三个子维度都没有显著影响，因此组织文化社会化对于岗位投入没有直接影响作用。对于此种统计结果，我们认为组织文化通过社会化过程被成员认知和了解，这种社会化的程度会产生组织认同，而组织认同又进一步影响员工行为。但员工接触的企业文化可能仅仅停留在企业文化的较低层次，如企业已形成的各种工作习惯和处事方式等，而员工并未对企业文化的核心高层次内容有所认知。因此，组织文化社会化的企业文化内容偏差或层次较低等可能是导致组织文化社会化对岗位投入影响不显著的主要原因。

其次，工作胜任社会化也只是对岗位投入的奉献和活力两个子维度有显著的影响，而对于专注这一维度影响不显著。虽然我们在理论上认为较高的工作胜任社会化程度能提高员工对于工作的热情和付出，有助于提高员工对于工作的活力和奉献水平，但可能由于工作环境的限制，员工全身心投入工作时并不是处于一种非常愉悦的状态，从而在饱含热情地投入工作之后却希望能够尽快从工作中脱离出来。这一结果也与日常的工作实际较为接近，我们可以发现，在社会节奏日益加快的条件下，人们在工作场所需要尽快提高工作效率，但诸如工作多头绪、考勤严格、加班频繁等常常迫使员工处于一定程度的精神和体力匮乏状态，从而不能完全静下心来关注某一项工作。

最后，组织社会化的三个维度中只有人际关系社会化对于岗位投入的三个维度都产生了显著影响。对于员工个体而言，雇佣关系、员工与同事和上级等的人际关系，都影响着员工的岗位投入程度。良好的内外部人际关系能有效协调各方的利益诉求，从而有助于提高员工对于工作的奉献程度、活力水平和专注程度。

4.4.4.2 自尊社会性对岗位投入的影响

首先，通过整体回归来分析自尊社会性对于岗位投入的总体影响关系，见图 4-4 模型。分析结果显示，自尊社会性与岗位投入之间有显著的统计相关性，自尊社会性总体上能解释岗位投入33.2%的变异量，自尊社会性水平每增加 1 个单位，员工的岗位投入水平提升约 0.58 个单位。因此假设 H3（自尊社会性对于岗位投入有显著的正向影响作用）获得验证，说明自尊社会性与员工岗位投入存在内在的影响机制，这为接下来深入分析各个变量子维度的影响关系提供了先决条件。

将岗位投入的各个维度作为因变量，将自尊社会性的各个维度作为自变量，采用多元回归的方法来深入探讨自尊社会性对岗位投入的预测作用。多元回归分析结果如表 4-10 所示。

表 4-10　自尊社会性对岗位投入的多元回归分析 （n = 1909）

自变量	因变量（岗位投入）		
（自尊社会性）	奉献	活力	专注
组织认同	0.263 **	0.400 ***	0.052
领导影响	0.286 ***	0.468 ***	0.221 ***
组织气氛	0.012	-0.21	0.158 ***
R^2	0.129	0.541	0.092
F	27.848 ***	215.042 ***	19.318 ***

多元回归分析显示，自尊社会性对于岗位投入的显著正向影响不能分解为各变量之间的显著正向影响。首先，领导影响对于岗位投入的三个维度都产生了显著影响，因此其与岗位投入有直接的显著影响关系。可以说，员工倾向于模仿领导者的行为特征，只有当领导者全身心地投入工作，员工才会跟着全身心地投入工作，领导者做出投入的榜样后，员工受到感染也表现出岗位投入，这就是典型的"上行下效"的表现；领导或管理的关键是营造积极的文化氛围，使员工感受到付出与回报的一致性以及公平性，这样才会提升员工岗位投入的意愿。

其次，组织认同对于岗位投入的三个子维度中的奉献和活力有显著影响，而对专注没有显著影响。对于此种统计结果，我们认为，员工的组织认同度越高，其与组织的目标、价值的一致性程度越强，就会越觉得自己在组织中既有理性的契约和责任感，也同时存在非理性的归属感和依赖感，就越服从组织的行动安排，为组织尽心尽责完成任务，从而在工作中越具有奉献精神。同时，对组织的认同感越强，在组织中工作就越舒心，就会越能体会一种"千里马遇伯乐"的自我价值实现感。但如果员工个人的专业知识水平不高，那么就可能会造成员工在工作过程中的障碍，从而使员工的工作效率不高，专注程度不够。

最后，组织气氛只对专注产生了显著影响，而对奉献和活力维度没有显著影响，这表明组织中的组织气氛只是表现为表面的"和谐"，尽管团队中的每个人都专注于自己的工作，但是员工的工作激情和奉献程度却有可能不高。

4.4.4.3 组织社会化对自尊社会性的影响

通过整体回归来分析组织社会化对于自尊社会性的总体影响关系，见图 4-3 模型。分析结果显示，组织社会化总体上能解释自尊社会性约 10% 的变异量，检验的 F 值和概率都具有统计上的显著性。同时，在不考虑其他因素影响的前提下，组织社会化水平每提升 1 个单位, 员工的自尊社会性水平提升约 0.36 个单位。因此假设 H2 (组织社会化对于自尊社会性水平有显著的正向影响作用) 获得验证, 这为接下来深入分析各个变量子维度的影响关系及后面的中介效应提供了先决条件。

将自尊社会性的各个维度作为因变量, 将组织社会化的各个维度作为自变量, 采用多元回归的方法来深入探讨组织社会化对自尊社会性的预测作用。多元回归分析结果如表 4 - 11 所示。

表 4 - 11　组织社会化对自尊社会性的多元回归分析 (n = 1909)

自变量 (组织社会化)	因变量 (自尊社会性)		
	组织认同	领导影响	组织气氛
组织文化社会化	- 0.077	0.002	- 0.007
工作胜任社会化	0.365 ***	0.326 ***	0.046
人际关系社会化	0.162 ***	0.375 ***	0.054
R^2	0.215	0.294	0.001
F	50.655 ***	76.568 ***	1.203

多元回归分析显示, 组织社会化对于自尊社会性的显著正向影响不能分解为各变量之间的显著正向影响。首先, 组织文化社会化对于自尊社会性的三个子维度都没有显著影响, 因此组织文化社会化对于自尊社会性没有直接影响作用。我们将组织文化看作一个组织在长期的发展过程中所形成的文化积淀和价值观念, 如果组织文化与其所处的制度环境不同构, 或者相脱节, 就会造成组织文化社会化的偏差, 进而影响员工自尊社会性的发展。如我们的分析结果显示, 组织文化社会化甚至对员工的组织认同和组织气氛有着负面的影响, 这一方面可能是我们的样本量偏差所致; 另一方面, 反映出在我们所调查的企业中, 大多都没有形成良性的组织文化, 这也是中国的各类企业在今后发展中需要加以完善的地方。综观国内外, 大凡优秀的组织, 无不有着良好的组织文化, 这也是其长久不衰的秘诀之一。

其次，工作胜任社会化也只是对自尊社会性的组织认同和领导影响两个子维度有显著的影响，而对于组织气氛这一维度影响不显著，说明工作匹配所带来的胜任感有助于加深员工个体之间的人际沟通、构造一个和谐的团队氛围，增强组织认同感；良好的工作胜任社会化能提高个体对于领导行为、魅力的感知。

最后，人际关系社会化和工作胜任社会化效果一致，对自尊社会性的组织认同和领导影响两个子维度有显著的影响，而对于组织气氛这一维度影响不显著。对于这一统计结果，看上去存在着矛盾，即良好的人际关系反而对组织气氛没有影响。我们认为这可能是两个方面的原因造成的，第一，人际关系社会化强调的是组织整体层面的关系，但是由于在各个组织中都存在着各种亚群体，或者派系，因而，组织整体层面的人际关系并不能有效预测组织气氛的和谐程度；第二，由于我们的样本量总体较小，可能由于抽样等非随机性误差造成统计结果的不显著。对于第一种可能性，李猛等人在对中国的单位制度进行研究时，归纳了单位中的"派系结构"现象。他们认为在任何社会和组织中，人们追求自身利益时要么通过投入精力和资源进行生产性活动，要么通过影响再分配过程来获得利益。这种差异很大程度上取决于制度环境，在中国的各类组织中，事实上"人治"的作用更为强大，关系或者派系结构往往成为人们获取利益的一种行动渠道（李猛、周飞舟、李康，1996）。因而人际关系如果只是局限于为了获取自身利益而构建的派系结构，势必对组织气氛造成不利影响。

4.4.5 中介效应分析

4.4.5.1 总体中介效应

在进行各个维度的中介效应分析前，需考察变量总体之间的中介效应。在假设 H1、H2 和 H3 都得到数据分析验证支持的情况下，来检验自尊社会性是不是组织社会化影响员工岗位投入的有效中介因素。我们采用层次回归方法进行分析，结果如表 4-12 所示。

表 4 – 12   组织社会化、自尊社会性和岗位投入的
回归分析结果 （n = 1909）

因变量		第一步	第二步	第三步
		岗位投入	自尊社会性	岗位投入
自变量	组织社会化	0. 366 ***	0. 316 ***	0. 204 ***
	自尊社会性	——	——	0. 513 ***
R²		0. 132	0. 098	0. 368
F		83. 814 ***	60. 078 ***	159. 461 ***

由于在第三步中，组织社会化对岗位投入的效应值是显著的，所以自尊社会性是组织社会化与岗位投入之间的部分中介变量，其部分中介效应为 0. 162 （ = 0. 316 × 0. 513），中介效应占总效应的比例为 44. 3% [= （0. 162/0. 366） × 100%]，表明中介效应是比较明显的，有进一步研究中介效应的意义，验证支持了假设 H4（自尊社会性在组织社会化和员工岗位投入之间起到中介作用）。

从社会交换理论来看，积极心理契约的建立无疑强化了企业员工的"组织成员"角色，形成"用组织的身份来定义自己"的心理观念，进而逐步产生具有鲜明"角色外"特征的组织公民行为，即员工心理契约在组织认同的中介作用下促生了其组织公民行为。当组织给予员工工作所需的经济和情感资源时，员工感知到自己受到重视，从而认为自己有能力、有义务、有热情付出更高的岗位投入，在某种程度上给予组织以回报。与此相反的是，若组织没有或没有及时提供这些员工发展的必需资源时，员工则更可能认为自己受到组织的忽视和冷落，从而把自身的自我投入根据不同情况撤回，此时员工就处于一种不敬业甚至消极怠工的情境中。因此，可以说员工个体预计在自身工作角色中贡献自身资源和努力投入的量是组织所提供的经济和社会情感性资源的一个复合函数，因其变化而变化。总体而言，心理状态变量对相关工作特征因素与岗位投入之间的关系具有显著的中介作用。工作角色匹配性和工作内容丰富性、同事间的支持和上级的鼓励以及

工作资源可获得性等将分别通过心理感知、心理评估、心理反馈的流程对岗位投入产生正面影响。

组织社会化、自尊社会性和岗位投入的路径关系模型可表述为图 4-11。

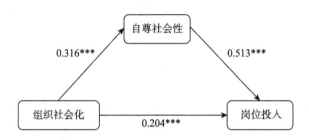

图 4-11 组织社会化、自尊社会性和岗位投入的路径关系模型

4.4.5.2 自尊社会性各维度中介效应

在总体中介效应显著的前提条件下，有必要、有意义来探讨分析自尊社会性各个维度的中介效应表现，我们将从组织认同、领导影响和组织气氛几个方面进行展开。

（1）组织认同的中介效应

第一，组织认同对组织文化社会化影响岗位投入的中介效应分析。

从组织社会化对自尊社会性的多元回归分析结果中可以看到，组织文化社会化对于组织认同的影响并不显著，因此组织认同对于组织文化社会化影响岗位投入并没有明显直接的中介效应。

第二，组织认同对工作胜任社会化影响岗位投入的中介效应分析。

为探讨组织认同在工作胜任社会化和员工岗位投入各维度之间是否具有中介效应，以及三者之间的作用机制，以下采用层次回归方法进行分析。我们先验证组织认同对工作胜任社会化影响奉献的中介效应。（见表 4-13）。

表 4 - 13 　工作胜任社会化、组织认同和奉献的回归
分析结果 （n = 1909）

因变量		第一步	第二步	第三步
		奉献	组织认同	奉献
自变量	工作胜任社会化	0.293 ***	0.430 ***	0.221 ***
	组织认同			0.168 ***
R²		0.084	0.183	0.106
F		51.038 ***	123.232 ***	33.089 ***

　　由于在第三步中，工作胜任社会化对奉献的效应值具有统计
上的显著性，所以组织认同是工作胜任社会化与奉献的部分中介
变量，其中介效应为 0.072 （ = 0.430 × 0.168），中介效应占总效
应的比例为 24.7% ［ = （0.072/0.293） × 100%］，即是说，组织
认同在工作胜任社会化和员工奉献水平中起到中介作用。这一统
计结果表明，较高的工作胜任社会化程度能提高员工对于组织的
认同感，工作匹配所带来的胜任感有助于加深员工个体和工作本
身的契合性，将极大提升其对个体工作的认同。提高员工的工作
胜任能力可以通过加强员工培训来完成。其一，对员工进行合理
的培训将有助于员工潜移默化地把个人发展目标与组织发展目标
充分结合起来，在满足员工自我发展需要的同时，也加强了员工
对组织的认同，并能增强组织内部的凝聚力。其二，合理培训将
逐步提高员工个体的工作能力，使其在满足工作能力需要后逐步
超越现有工作的要求，逐步向组织内更高层次工作发展。其三，
建立起来的良好的组织认同感能提高个体对工作内容、工作意义
乃至岗位投入的肯定，进而促使员工对组织工作表现出高水平的
积极性和热情。

　　工作胜任社会化、组织认同和奉献的中介关系模型可表述为
图 4 - 12。

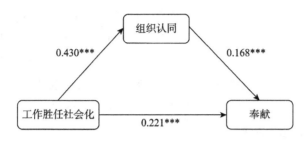

图 4 - 12　工作胜任社会化、组织认同和奉献的路径关系模型

接下来，我们将验证组织认同对工作胜任社会化影响活力的中介效应，层次回归分析结果如表 4 - 14 所示。

表 4 - 14　工作胜任社会化、组织认同和活力的层次
回归分析结果（n = 1909）

因变量		第一步	第二步	第三步
		活力	组织认同	活力
自变量	工作胜任社会化	0.463 ***	0.430 ***	0.247 ***
	组织认同			0.502 ***
R^2		0.213	0.183	0.418
F		148.449 ***	123.232 ***	196.371 ***

由于在第三步中，工作胜任社会化对活力的效应值具有统计上的显著性，所以组织认同是工作胜任社会化与活力的部分中介变量，其部分中介效应为 0.216（ = 0.430 × 0.502），中介效应占总效应的比例为 46.6% [= （0.216/0.463）×100%]，该数据表明，组织认同在工作胜任社会化和员工活力水平中起到中介作用。活力主要是指员工在工作时表现出的工作精力充沛程度，具体主要表现为具有旺盛的精力和较强的工作韧性，愿意在自己的工作上付出努力，不容易疲倦，面对困难时具有坚忍力，积极的工作热情能感染身边人，等等。较高的工作胜任社会化程度提高了员工对组织的认同感，组织认同度高的员工倾向于将个人利益寓于组织利益之中，甚至为了组织利益让渡自己的利益，因此具有高

满意度和低离职意愿的行为特点。同时，这也进一步加深了员工个体对于工作本身的肯定和认同，使得员工对自己的工作表现出很高并持续性的热情，愿意为工作付出全身心的努力，即便是遇到困难和难题，也愿意并积极地动用自身资源去努力解决。相反，当组织成员感觉到多重认同发生冲突时，则会变得迷惑和犹豫，甚至出现消极的状态。

工作胜任社会化、组织认同和活力的中介关系模型可表述为图 4 – 13。

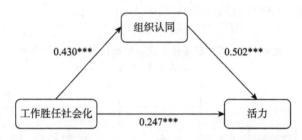

图 4 – 13　工作胜任社会化、组织认同和活力关系的路径模型

对于组织认同对岗位投入社会化影响专注的中介效应分析，前面的统计结果表明工作胜任社会化对于岗位投入的奉献、活力两个维度有显著的影响，而对专注无显著影响。

第三，组织认同对人际关系社会化影响岗位投入的中介效应分析。

从前文的统计结果可以看出，人际关系社会化对于岗位投入的三个维度都有显著的影响，并且其对自尊社会性中的组织认同也有显著影响，因此接下来我们将深入分析组织认同对人际关系社会化影响岗位投入的中介效应。

组织认同对人际关系社会化影响奉献的中介效应分析的结果如表 4 – 15 所示。由于在第三步中，人际关系社会化对奉献的效应值具有显著性，所以组织认同是人际关系社会化与奉献的部分中介变量，其部分中介效应为 0.062（ = 0.260 × 0.237），中介效应占总效应的比例为 38.8%〔 = （0.062/0.159）×100%〕，验证得出结论：组织认同在人际关系社会化和员工奉献水平中起到中介作用。对于此种统计结果，我们认为，作为人的基本社会需求，人际关系有助于进行自我了解、自我实践和自我肯定。同时人际关系社会化也是社会支持的重要组成部分，而社会支持可防止或减少由于心理紧张所造成的伤害。在绝大多数场合下，社会支持和高度的自我尊重可以帮助员工保持一个健康的心理状态。组织通过建立有效的沟通机制，让信息有效地流通，同时可以让员工与组织"对话"，在化解组织内部各种矛盾的同时，赢得员工对组织的信任，增加员工的组织认同感。人际关系的社会化在帮助员工保持健康社会心理的同时，可以拉近组织与员工的关系，使员工从内心表现出对组织的认同感和亲近感，进而愿意为组织奉献自己的努力。

表 4 – 15　人际关系社会化、组织认同和奉献的回归
分析结果（n = 1909）

	因变量	第一步	第二步	第三步
		奉献	组织认同	奉献
自变量	人际关系社会化	0.159***	0.260***	0.098*
	组织认同			0.237***
	R^2	0.024	0.066	0.075
	F	14.167***	39.310***	22.901***

人际关系社会化、组织认同和奉献的中介关系模型可表示为图 4 – 14。

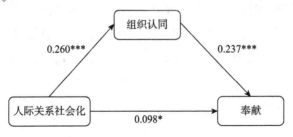

图 4 – 14　人际关系社会化、组织认同和奉献关系的路径模型

接下来，我们将分析组织认同对人际关系社会化影响活力的中介效应，层次回归的分析结果如表 4-16 所示。

表 4-16　人际关系社会化、组织认同和活力的回归
分析结果　（n=1909）

因变量		第一步	第二步	第三步
		活力	组织认同	活力
自变量	人际关系社会化	0.514 ***	0.260 ***	0.382 ***
	组织认同			0.509 ***
R²		0.263	0.066	0.504
F		194.921 ***	39.310 ***	277.660 ***

从统计结果我们可以看出，由于在第三步中，人际关系社会化对活力的效应具有统计上的显著性，所以组织认同是人际关系社会化与活力的部分中介变量，其部分中介效应为 0.132　（=0.260 × 0.509），中介效应占总效应的比例为 25.7%　[=（0.132/0.514） × 100%]，这表明，组织认同在人际关系社会化和员工活力水平中起到中介作用。对于此种统计结果，我们认为，人际关系社会化是员工从"局外人"转变为"局内人"的过程，良好的人际关系可以在员工内心构建起组织对其认可和接受的认知。社会心理学的理论和研究都表明，人都具有"类群属性"，人的许多需要都是在人际交往中得到满足的。良好的人际关系能帮助个人得到心理上的满足，如果人际交往不顺利，就意味着人的心理需要被剥夺，或发展需要遭受挫折，从而使个人产生孤立无援或被社会抛弃的感觉。组织内部良好的人际关系能够营造出一个良好的团队氛围，加深员工个体之间的人际沟通，提高员工对组织的认同感，进而使员工充满工作活力。

人际关系社会化、组织认同和活力的中介关系模型表述为图 4-15。

在对于组织认同对人际关系社会化影响专注的中介效应进行统

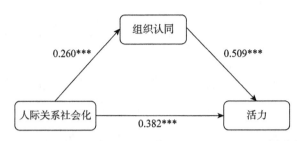

图 4 – 15　人际关系社会化、组织认同和活力关系的路径模型

计分析后，我们发现人际关系社会化对专注的效应值具有统计上的显著性（见表 4 – 17）。所以组织认同是人际关系社会化与专注的部分中介变量，其部分中介效应为 0.030 （ = 0.260 × 0.114），中介效应占总效应的比例为 9.4% ［ = （0.030/0.316）× 100%］，这表明：组织认同在人际关系社会化和员工专注水平中起到中介作用。如果我们将沟通看作人际关系的形成与维系的重要环节，那么人与人之间传递情感、态度、事实、信念和想法的过程就是通过沟通来完成的。但社会化的过程可能因沟通者本身的特质或沟通的方式而造成曲解，因此信息的接收者与传送者必须凭借不断的反馈，去澄清和证实双方接收及了解到的信息是否一致。组织通过不断接受和反馈员工之间情感、信念、态度、想法和事实，使员工之间的沟通更加有效，人际关系也更为和谐、牢固。通过这个过程，员工会意识到在他的人际关系建立过程中，组织发挥了有力的推动和辅助作用，从而更加专注于组织所分配的工作任务。

表 4 – 17　人际关系社会化、组织认同和专注的回归分析结果（n = 1909）

因变量		第一步	第二步	第三步
		专注	组织认同	专注
自变量	人际关系社会化	0.316 ***	0.260 ***	0.287 ***
	组织认同			0.114 ***

续表

因变量	第一步	第二步	第三步
	专注	组织认同	专注
R^2	0.098	0.066	0.109
F	60.392 ***	39.310 ***	34.271 ***

人际关系社会化、组织认同和专注的模型可表示为图 4 – 16。

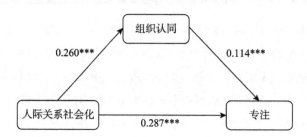

图 4 – 16　人际关系社会化、组织认同和专注关系的路径模型

（2）领导影响的中介效应

第一，领导影响对组织文化社会化影响岗位投入的中介效应分析。

从组织社会化对自尊社会性的多元回归分析结果可以看出，组织文化社会化对于自尊社会性的领导影响作用并不显著，即是说领导影响对于组织文化社会化影响岗位投入无中介效应，因此假设未获得验证支持。

第二，领导影响对工作胜任社会化影响岗位投入的中介效应分析。

从组织社会化对岗位投入的多元回归分析结果中可以看出，工作胜任社会化对于岗位投入的奉献和活力两个维度有显著的正向影响，并且从组织社会化对自尊社会性的多元回归分析结果中可以发现，工作胜任社会化对于自尊社会性的领导影响作用显著，因此有必要进一步来深入验证分析领导影响对于工作胜任社会化影响岗位投入的奉献和活力两个维度的中介效应。

表4-18是领导影响对工作胜任社会化影响奉献的中介效应的统计结果，由于在第三步中，工作胜任社会化对奉献的效应值是显著的，所以领导影响是工作胜任社会化与奉献的部分中介变量，其部分中介效应为 0.110（= 0.405 × 0.272），中介效应占总效应的比例为 37.6% [=（0.110/0.293）× 100%]，统计结果表明：领导影响在工作胜任社会化和员工奉献水平中起到中介作用。

表4-18　工作胜任社会化、领导影响和奉献的回归分析结果（n = 1909）

因变量		第一步	第二步	第三步
		奉献	领导影响	奉献
自变量	工作胜任社会化	0.293 ***	0.405 ***	0.183 ***
	领导影响			0.272 ***
R²		0.084	0.163	0.145
F		51.038 ***	106.694 ***	46.999 ***

对于上述统计结果，我们认为良好的工作胜任社会化能够有效增强员工的工作能力，并由于领导的影响，增强对组织的奉献精神。具体而言，领导通过身体力行或者魅力感召激励员工主动地承担工作任务，为组织目标的实现奉献自己的努力。工作胜任社会化、领导影响和奉献的模型可表示为图4-17。

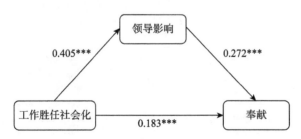

图4-17　工作胜任社会化、领导影响和奉献关系的路径模型

接下来我们将进一步分析领导影响对工作胜任社会化影响活力的中介效应，统计结果如表4-19所示。

表 4 – 19 工作胜任社会化、领导影响和活力的回归
分析结果（n = 1909）

因变量		第一步	第二步	第三步
		活力	领导影响	活力
自变量	工作胜任社会化	0.463 ***	0.405 ***	0.240 ***
	领导影响			0.551 ***
R²		0.213	0.163	0.467
F		148.449 ***	106.694 ***	238.903

由于在层次回归的第三步中，工作胜任社会化对活力的效应值是显著的，所以领导影响是工作胜任社会化与活力的部分中介变量，其部分中介效应为 0.223（= 0.405 × 0.551），中介效应占总效应的比例为 48.2%［= （0.223/0.463）×100%］，该统计结果表明：领导影响在工作胜任社会化和员工活力水平中起到中介作用。对于此种统计结果，以往研究已经表明，领导情绪、智力对提升员工绩效（包括任务绩效及关联绩效）发挥着积极的作用。上文的分析表明，良好的工作胜任社会化能提高员工个体对于领导行为、魅力的感知。因而领导者的积极情绪表达将能有效地提升员工的价值观与工作热情，使员工在工作中充满活力。工作胜任社会化、领导影响和活力的模型可表述为图 4 – 18。

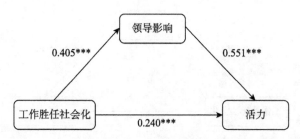

图 4 – 18 工作胜任社会化、领导影响和活力关系的路径模型

从组织社会化对岗位投入的多元回归分析结果中可以看出，工作胜任社会化对于岗位投入的专注维度的影响不显著，因此不再做进一步的中介效应分析。

第三，领导影响对人际关系社会化影响岗位投入的中介效应分析。

从组织社会化对岗位投入的多元回归分析结果中可以看到，人际关系社会化对于岗位投入的奉献、活力和专注三个维度都具有显著的正向影响，且从组织社会化对自尊社会性的多元回归分析结果中可以发现，人际关系社会化对于自尊社会性的领导影响作用显著，因此有必要进一步来深入验证分析领导影响对于人际关系社会化影响岗位投入的三个维度的中介效应。

首先我们看人际关系社会化、领导影响和奉献的层次回归结果（见表4-20）。由于在第一步、第二步中，人际关系社会化对于奉献和领导影响维度的作用都是显著的，且在第三步中人际关系社会化对奉献的效应值不显著，所以领导影响是人际关系社会化与奉献的完全中介变量，其中介效应为0.152（=0.444×0.343），也就是说，领导影响在人际关系社会化和员工奉献水平中起到中介作用。

表4-20 人际关系社会化、领导影响和奉献的回归分析结果（n=1909）

因变量		第一步	第二步	第三步
		奉献	领导影响	奉献
自变量	人际关系社会化	0.159***	0.444***	0.007
	领导影响			0.343***
R²		0.024	0.197	0.117
F		14.167***	133.368***	36.917***

事实上，良好的人际交往能够使员工形成互补，即组织内部员工通过人际交往能够相互学习或者取长补短，员工的直接上级扮演的"榜样"角色往往在此时能够发挥重要作用。员工大部分时候就是通过在工作过程中观察和学习上级领导的做事态度和方法，从而提高自己的能力，这是员工寻求自我提高、自我实现的

需要。因而具备良好的人际关系，再加上领导的影响作用，员工通常都是主动、自愿地接受领导安排的工作，并积极地完成任务。人际关系社会化、领导影响和奉献的模型可表述为图4-19。

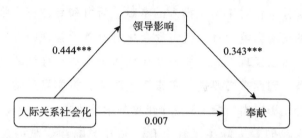

图4-19　人际关系社会化、领导影响和奉献关系的路径模型

接下来，我们将分析领导影响对人际关系社会化影响活力的中介效应，层次回归结果如表4-21所示。由于在第三步中，人际关系社会化对活力的效应值是显著的，所以领导影响是人际关系社会化与活力的部分中介变量，其部分中介效应为0.232（=0.444×0.523），中介效应占总效应的比例为45.2%〔=（0.223/0.514）×100%〕，统计结果支持：领导影响在人际关系社会化和员工活力水平中起到中介作用。

表4-21　人际关系社会化、领导影响和活力的回归分析结果（n=1909）

因变量		第一步	第二步	第三步
		活力	领导影响	活力
自变量	人际关系社会化	0.514 ***	0.444 ***	0.282 ***
	领导影响			0.523 ***
R²		0.263	0.197	0.482
F		194.921 ***	133.368 ***	254.218 ***

一旦个体进入一个组织，成为组织成员，那么便有了组织身份，就会与组织中其他成员之间建立各种的人际关系，组织中的人际关系状况也自然会影响到每一个员工，尤其是员工与领导的关系构成了组织内人际关系的主线。员工与领导处好关系，就可

以快速地了解整个组织的发展情况，知道自己工作的方向。上下级的良好关系可以在面临摩擦时起到润滑的作用，缩短二者的磨合时间，增进了解，提高工作效率，让员工有更大的发展空间。良好人际关系的建立，有利于一种积极向上的企业文化的形成，培养共同的价值观，协调好组织内部各利益群体关系能让员工在工作中更顺心，遇到问题也能得到及时的帮助，从而发挥出组织协同效应。这样一种企业环境，更有利于激发员工的积极性和创造性，促使员工对自己的工作付出最大努力。人际关系社会化、领导影响和活力的模型可表述为图 4 - 20。

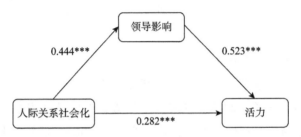

图 4 - 20 人际关系社会化、领导影响和活力关系的路径模型

领导影响对人际关系社会化影响专注的中介效应分析统计结果（见表 4 - 22）表明，人际关系社会化对专注的效应值具有显著性，所以领导影响是人际关系社会化与专注的部分中介变量，其部分中介效应为 0.065（= 0.444 × 0.147），中介效应占总效应的比例为 20.7%［=（0.065/0.316）×100%］，这有效地表明：领导影响在人际关系社会化和员工专注水平中起到中介作用。

表 4 - 22 人际关系社会化、领导影响和专注的回归分析结果（n = 1909）

因变量		第一步	第二步	第三步
		专注	领导影响	专注
自变量	人际关系社会化	0.316 ***	0.444 ***	0.251 ***
	领导影响			0.147 ***
R^2		0.098	0.197	0.114
F		60.392 ***	133.368 ***	36.034 ***

关于人际关系的讨论我们可以追溯到齐美尔的经典论述，他强调人和群体的双重属性，即一方面个体加入一个组织中便与这一组织建立了关系，并受到这一组织的约束；另一方面，个体所加入的群体越多，其个性便能够得到越充分的体现。在这个意义上，个体与群体的双重属性体现为自由和约束的辩证关系（周雪光，2003）。如果单就一个组织内的人际关系而言，其主要是组织成员之间在相互交往过程中所形成的一种依存关系，而这种关系实质上是一种具有互惠性的社会交换关系。所谓社会交换关系是指其与单纯经济学意义上的物质交换不同，"社会交换会带来未做具体规定的义务，会引起个人的责任、感激之情和信任感"（转引自李原，2006）。在这个意义上，李原在探讨企业员工的心理契约时，更多地将企业内部的人际关系本质定义为心理层面所形成的契约关系，而这种契约关系的基础是社会交换，然则社会交换的关键是相互责任的对等，只有关系双方具有对等的责任时才能形成长久、稳定、积极的人际关系（李原，2006）。就我们此处的研究而言，良好的人际关系是组织得以稳定团结的基础，不仅其能够提升员工专注于自己的工作，而且领导影响在其中发挥着重要的中间调节作用。也就是说，就具体的组织内人际关系而言，可以划分为员工之间的横向关系以及员工与领导之间的纵向关系，如前所述，纵向的人际关系对员工人际关系社会化的影响十分显著。从日常实践出发，良好的上下级关系对员工有着较强的激励作用，不仅领导可以获知员工的需求和充分的工作信息，而且员工能够有效地表达自身的利益诉求，从而增强对领导乃至组织的信任，对工作任务尽心完成，并专注于自己的任务。人际关系社会化、领导影响和专注的模型可表述为图4-21。

（3）组织气氛的中介效应

组织气氛是自尊社会性的一个维度，但从组织社会化对自尊社会性的多元回归分析结果中可以看到，组织社会化的三个维度对于组织气氛的影响都不显著，因此组织气氛对于其影响岗位投入的中介效应不存在。

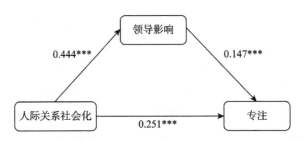

图 4 – 21   人际关系社会化、领导影响和专注关系的路径模型

4.4.6 结论

本书对于组织社会化、自尊社会性和员工岗位投入三者之间的关系进行分析后得到以下结论。

4.4.6.1 组织社会化是影响员工岗位投入的重要机制

如前文所述，我们强调的组织社会化是员工的行为目标与组织目标相一致，即如何实现在组织内对员工的有效激励。从社会交换和组织契约的视角看，就是要建立员工与组织之间的对等责任关系，不仅需要组织对员工提供各项发展所需，而且员工也有责任和义务为组织的发展做好本职工作。这是一种人与组织的匹配，即员工价值观与组织价值观相一致的过程。加强对员工的职业生涯规划和培训指导，推动员工的快速成长；通过有效团队协作、沟通、上级对下级的情感关怀，使员工尽快融入组织，这些不仅关系着组织人、财、物的投入，更关系着员工对组织的认同感和忠诚感，进而影响着员工在自己工作上的投入程度。员工了解群体规范，接受组织文化并且为其他员工所接受，表明组织社会化是成功的。而不成功的组织社会化则会使员工对组织不满，积极性受挫，无法实现自我发展的需要，甚至离职。

如果将组织社会化看作员工个体与组织的互动过程，那么就会有成功的社会化和失败的社会化之分，正如我们前文所提到的，只有成功的组织社会化才能实现诸如工作满意、组织忠诚、认同和内化组织价值观念、积极的岗位投入等目标。对于组织而言，成功的组织社会化无疑是激励员工实现组织目标的有效途径。Baron 在《雇佣关系作为一种社会关系》一文中，发现员工在企业组织中所看重的并不仅仅是经济层面的激励，他批判了以往只从经济学视域出发而对雇佣关系做出的分析，认为雇佣关系的经济学模型在有些层面偏离了现实，而引入社会学和社会心理学的视角，则能够对组织内的雇佣关系进行更为深入的认知。比如员工在求职过程中不仅单纯看重物质报酬，而且也比较关注组织环境和人际关系等；员工对组织激励的感知往往是建立在与同事的比较之上。因而在分析员工激励时应该注重从习俗、组织内的政治抗争以及组织外的制度环境等方面出发，才不至于使雇佣关系从社会关系中剥离出去（Baron，1998）。而对于员工而言，有效的社会化可以将员工的工作期望保持在一个合理的范围之内，从而避免诸如高付出低回报感和相对剥夺感等消极情绪，使员工认同组织的规范观念，增强组织承诺，从而积极地投入工作岗位之中。

4.4.6.2　工作胜任和人际关系是组织社会化的重要元素

在个体融入组织进程中，相比于组织文化，员工更容易接受、更认可的是工作本身，人们常常在工作中能够获得成就感和满足自我实现的需要。大量的事实表明，现阶段我国企业中的组织文化对员工的吸引力和影响力还处于较低水平，那么在内核还不完善的前提之下，围绕组织文化的外围，诸如福利待遇、工作环境、工作匹配性、晋升空间、发展机会和人际关系等则成为员工所关注的关键方面。

组织社会化除了强调员工在观念、规范、价值、目标等方面与组织同构外，也重视员工工作技能的习得和提升。在这个意义上，员工的培训构成了组织社会化的重要环节，在日常工作中，不仅新员工要接受一系列的工作技能培训，而且老员工也要不断接受各种培训才能满足工作变换的要求。组织通过为员工设计符合个人特征的职业发展规划，帮助员工了解个人特质与行为特点及发展需要，不断实现自我，最终实现员工和企业共同成长与发展的双赢。我们对组织社会化的划分，除了重视文化和工作任务，还突出了人际关系的重要性，因为组织内部的人际关系构建了组织内的社会关系网络，人们日常工作中的绝大部分时间都是在单位中度过的，良好的人际关系，不仅能形成组织内的社会支持，而且也能提供员工相互之间的信任和承诺，增进团结协作，进而提升组织效率和工作满意度。当然，如何在组织内打破"小圈子"，实现总体上的和谐人际关系，不仅需要平等的组织环境和领导的身体力行，而且与社会结构、文化习俗、行为观念相关，这也许是组织发展中的一个难题，但需要重视和应对。

4.4.6.3 组织认同和领导影响是组织社会化影响岗位投入的重要中介变量

组织认同促进成员产生与组织命运相关的感受，能够提升团队凝聚力，从而可以提升员工敬业度，增强组织表现。员工对组织表示认同是因为被组织本身所吸引而聚集在组织周围，而不是被组织成员之间个人特性的相似、相互依赖或交换而形成的人际关系所吸引。在组织中，组织成员会有为组织尽心竭力的工作态度，是因为他们具有强烈的心理愿望，希望自己成为组织里的一员，还具有强烈工作责任感。如果组织成员与组织之间在信仰、价值观等方面具有较强的一致性，存在着心理上的组织认同，那么他们就会加大岗位投入力度，积极并努力地参与所在组织的各种事务，并促进组织的发展。组织社会化过程中，通过工作胜任和人际关系的社会化，员工对工作本身和组织系统开始有初步的认知，这一进程中，若工和组织能彼此合拍，加深对工作本身和情感的认同，会对员工的岗位投入有显著的促进作用。另外，良好的人际关系有助于发现信仰与价值观的相似性，它可以帮助提升组织对员工的吸引力以及员工对组织的认同感。

同时，领导者也是这一过程中的重要影响变量，领导行为的影响和魅力能显著提升组织社会化对岗位投入的影响程度。尤其是支持型领导，涉及关心、沟通、接纳、尊重和促进下属的成长，给以信任和鼓励，适当放权，给予员工更多的空间，表现出对员工个人情感与要求的体谅和容忍，帮助下属提高能力和进行职业发展，只有这样才能更加充分地调动员工自身的工作积极性，最大限度地释放他们的潜在技能。这些同时也能帮助提高员工对领导者的组织的认同感，进而对员工的岗位投入有显著的促进作用。如果领导者只是简单地认为员工只会做事，让他们事事都听领导的指挥和命令，那么员工的工作满足感会降低，导致员工工作的乐趣和意义不明显，使其认为自己没有受到重视，个人的才智和潜能也没有得到充分的利用，这样员工在工作中的不断成长就很难进行，在组织中的发展受阻，不能实现自我，那么员工的工作积极性就不会高，有的甚至会离职，另谋出路。

4.5　讨论

我们的研究将客观组织环境操作化为"组织社会化"，将自尊操作化为"自尊社会性"，进而对组织社会化、自尊社会性以及员工的岗位投入进行了较为细致的理论和数据分析。我们认为，对于组织的发展、客观组织环境的营造与员工的成长，有以下两个方面需要进一步强调，第一是企业的社会属性，第二是员工在企业中的核心地位。

改革开放的 40 多年，也是中国企业发生巨变的 40 多年。随着中国市场经济制度的不断深化和完善，中国加入 WTO，给企业带来了机遇也带来了挑战。中国企业在更大范围内和更深程度上参与到市场的运作中和国际经济竞争与合作中。中国企业从经营理念到经营机制、从产权结构到治理方式都发生了根本性的转变

（陈佳贵编，2008）。企业所关心的核心问题转变为如何在激烈的竞争中立于不败之地，这不仅要求企业不断提高生产效率，而且作为社会组织，企业还需要不断应对其所处的结构环境压力和日益凸显的劳资关系问题。

　　企业组织的发展问题是经济学和管理学研究由来已久的话题，分析视角和研究路径更是纷繁众多，如组织环境、组织制度、企业结构与治理、企业创新、劳资关系等，不一而足。观之这些研究，更多的是从经济学的视域出发，将企业视为经济载体。改革开放以来的中国企业，在经济学意义上，确实解决了企业家的独立经营权问题，企业家成为企业的核心，企业家可以在自己的经济社区与组织中，自由地组织和动员资源，实现自身利益的最大化。与此同时，国家与政府也逐渐地从对企业大包大揽的"衣食父母"的社会角色中解脱出来。但是，这仅仅是问题的一个方面。正如李汉林在研究中所指出的，"在社会学意义上，企业在解决'归谁所有，谁来管理'的经营权问题之后，雇主与雇员之间的社会关系、职工的基本权益维护成为企业不断发展和竞争力提升的核心议题"（李汉林，2012）。从另外一个层面而言，在解决对企业主的激励问题之后，企业内部的员工激励成为管理者所需要面对的社会实际问题。因为只有实现对员工的有效激励，才能提升员工对组织的归属感，才能提高员工的自尊水平，才能使员工积极地投入工作岗位之中。这不仅是企业治理的重要方面，也是企业发展"多面向"问题中的关键环节。

　　企业作为一种组织形式，自成立之日起就面临着如何发展以及更好地发展的问题，企业组织发展的核心议题就是处理好"短期效益"与"长期适应"之间的关系。美国斯坦福大学一位博士生对20世纪初期美国存在的大公司和大学的生存率做了一个比较研究，发现经过百年，到了20世纪末，其所研究的大工业组织已经所剩无几，但那些大学多数留存了下来，并有了长足的发展（周雪光，2003）。这也就意味着，与大学相比，企业组织面临着更为严峻的发展问题。这个案例说明，一个组织有着必然的盛衰过程，那为什么有的企业能够成为"百年老店"，而有的企业只是"昙花一现"？当然个中缘由差异万千，我们认为一个组织的社会化程度以及员工在组织中的核心地位对企业的长期发展有着重要的意义。员工的岗位投入不仅关涉企业内的雇主与员工之间的关系；而且在最一般层面上，让员工参与到企业的日常经营管理和决策中能够提高员工的满意度与对组织的归属感，从而使其在企业组织中凝聚到一起。员工只有通过参与性的投入才能找到对企业的认同、对工作的热情、对彼此共同利益的确认，进而提高企业的执行力。正是在这个意义上上，员工本身构成了企业发展的内部动力。

4.5.1 企业的社会属性

企业既是经济载体也是社会组织，单纯从成本－收益的角度分析企业发展就会局限于企业的创收和盈利能力，而事实是企业组织不仅存在于市场网络中，亦嵌入于社会之中。我们在探讨组织社会化的时候，除了强调组织内部的社会化过程，还应该看到，就企业所处的结构环境而言，企业主体也需要一个社会化过程，即不断地适应制度环境的变化的过程。

事实上，组织社会学的制度学派较早注意到了这一问题，其中迈耶最早提出了关于"组织趋同性"现象的解释。他认为许多正式的组织结构是对理性制度规则的反映，组织采取制度化的规则，其作用就如同神话，为组织获得合法性、各类资源、稳定性，并且能够营造组织生存发展的前景。与组织最初为了技术生产和交换而设立的结构不同，组织结构的趋同性是适应制度环境的结果，为了获得合法性而减少内部协调和控制。制度环境就如同理性神话（Rationalized Myth）一样，使组织采取趋同的结构方式（Meyer, J. W. & Rowan, B., 1977）。迈耶认为制度环境成为理性神话的主要原因是：社会关系的密集化程度越来越高，一个具体的逻辑逐渐演化为一种具有普遍意义的逻辑，一种组织结构一旦在社会中得到合法性认同，其他组织便会效仿；随着组织环境和组织程度的复杂性加深，一个组织的结构会扩散到其分组织，从而带来组织结构的趋同。组织结构的趋同主要是为了解决合法性问题，同时也可以提高组织的生存能力。

在这个意义上，企业主体的社会化过程就是不断克服和适应制度环境，从而获得制度合法性的过程。那么组织主体对制度环境的适应与本研究的关系为何，我们认为主要体现在以下几个方面。

第一，制度环境的合法性机制具有规约作用，会诱使或迫使企业组织采取为社会所认可的组织结构、行为方式和价值观念。如随着人们公民意识的不断增强，对企业社会责任的要求日益高涨，那么企业就需要在环境保护、社会回馈、员工福利等方面有所举动，从而影响到组织文化和组织目标取向。这种组织行为和观念的转变也会在组织内部影响到员工的行为方式和价值观念。同时，人们对不同的企业会有不同的社会期待，如人们会期望制药企业所生产的药品是安全可靠的，而制假售假是完全不会被社会所容忍的，一旦出现类似的状况，就会导致企业发展受阻。在这个意义上，制度环境、组织主体、员工主体是一个层级关系，如果将员工的岗位投入看作因变量，那么其与制度环境、组织社会化构成了一种层级模型（Hierarchical Model）。

第二，制度环境的合法性要求常常与企业的效率目标之间具有不一致性。因而，企业为了解决制度合法性问题，就需要在组织结构中设置专门的部门或雇佣专门的人员以利于其生存发展。如在中国的很多企业中，都设有工、青、妇、团组织，但其与企业的生产经营活动并无多大关联。还有一些规章制度只是为了应对相关部门的要求或检查而设置，并不起到实质的作用。企业主体的这些行为或举动导致的一个结果就是，有许多行为取向只是形式性或仪式性的，并不符合理性、效率的原则。而员工同样要被裹挟到企业的这种做法之中，进行一些与工作无甚关联的形式性行为，这些行为并不具有实质的建构意义。

第三，制度环境不仅影响和规约着组织行为，而且也构成了社会成员生活体验和记忆的一部分。在组织内部社会化的过程中，不同的员工个体有着差异性的对制度环境的认知，因而需要采取不同的社会化策略，才能更为有效。如不同代、不同地域、不同教育程度的员工有着不同的社会属性和价值观念，这也构成了在提升他们自尊社会性和岗位投入方面需要考察的先决条件。

4.5.2 将员工带回到企业发展的核心地位

企业要想发展就必须处理好短期效益与长期适应的关系，长期适应就需要面对和解决企业间的外部竞争以及企业内的资源整合与调配，这两个方面也如同车之两轮、鸟之双翼。重视员工在企业中的核心地位正是从内部为企业发展注入了动力，有效的组织社会化不仅在提高员工积极性和归属感方面有着正向的激励作用，而且也是企业决策得以有效执行的保证。自尊社会性不仅能够成为解决劳资关系的有效机制，而且可防止员工的"原子化"倾向；员工是企业创新的源泉，关注员工也是企业履行社会责任的体现；员工的有效参与和岗位投入不仅能提升企业的生产效率，同样也是员工价值实现的有效途径。因此将企业置于社会视域之中，就会发现，企业发展与员工利益的实现是相互交织在一起而不能截然分开的，企业组织不仅是企业主之企业，也是员工的共同组织。

将"员工"带回企业发展的中心，意味着要"以人为本"并处理好两个方面的关系，即企业发展和员工队伍稳定的关系，企业发展和员工切身利益的关系。首先，需要重视员工的主体地位，只有这样才能增强员工对组织的承诺和奉献精神。其次，要让员工能够在企业中得到自我价值的实现，使员工的付出要有回报，对员工的成绩要给予赞许，做到"人尽其才，物尽其用"。最为关键之处，就是要意识到员工是企业生存和发展的根本动力，而实现这一目标的有效途径之一就是通过组织有效的社会化，提高员工的自尊水平，让其更好地投入工作岗位之中。

5　将来研究的一些设想

在今后的研究过程中，我们将按照下面的研究思路与步骤，系统地研究工作环境问题。首先，我们先通过 2014 年全国社会发展与社会态度调查的抽样框，以"现在是否有工作"为条件，进行工作环境的第一次筛选。根据筛选出的数据来描述城市居民对工作环境的总体印象，初步建立工作环境的指标体系，包括客观工作环境、客观组织环境、主观心理环境三个维度以及相应题器，并寻找三个维度之间的关系，以及它们各自对工作环境指数的权重。在此基础上，进行对城市居民工作环境主观感受的总体描述与影响因素判断，并进行讨论与分析，进而得出相应结论。现阶段中国大陆尚未编制完整的企业黄页，这就使得本次企业工作环境调查缺乏一个完整的中国企业抽样框。为了解决这一问题，我们借助 2014 年全国社会发展与社会态度调查的大规模抽样，在所得抽样调查对象中进行第二次筛选，从中筛选出工作单位为"企业"的被试，以此作为数据分析的样本。

在未来的研究过程中，我们将按照图 5-1 中的研究思路，系统地研究企业工作环境问题。

在企业的范围内，我们试图把工作环境区分为客观工作环境、客观组织环境与主观心理环境。还可以进一步细化，员工对工作最直接的感受，源于客观组织环境，包括自然工作场所、劳动报酬、工作时间、工作与生活的平衡、工作自主性、工作歧视和组织支持。与此同时，真正影响员工工作感受的内在因素源于其对工作的主观体验，即主观心理环境，它是员工一切工作行为和工

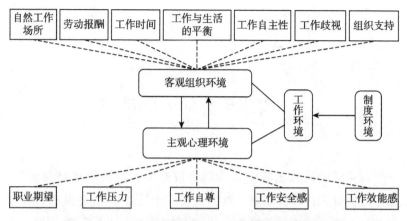

图 5-1 工作环境研究的主要内容与结构框架

作体验的内在驱动力，包括职业期望、工作压力、工作自尊、工作安全感和工作效能感。外在的制度环境在这里主要是指国家宏观的经济政策，其在深层次上影响着企业的工作环境，左右着企业的发展与变迁。

总之，一个企业中良好的工作环境不仅是企业生存和发展的基础与动力，同时也是发挥企业员工的主观能动性、激发他们更强的认同感与归属感、提高他们在生产中的创造性的非常重要的前提和条件。从根本上说，企业员工对工作环境正面和积极的感受，能够提高他们生产的积极性，调动他们为企业也为自己创造价值的热情和冲动。长此以往，就会在企业中营造出一种和谐的组织文化以及良好的组织氛围。在这种环境中，员工有上进的机会，有创造的热情，也有实现自身价值和抱负的条件。员工得到了普遍的尊重，他们的需求也在很大的程度上得到了实现。于是，一个符合逻辑的结果是，企业人力资本的质量将得到大幅度提高，企业的生产效率与效益也会得到很大的提升。恰恰在这个意义上，工作环境的研究不仅仅是理论上的学术思考，同时，这项研究对企业的发展与变迁也具有举足轻重的作用。

我们将在"结构－机制"的分析范式下，考察企业工作环境的变迁与人们行为态度的变化，并在此基础上构建工作环境指数和量表，这不仅能够较为有效地评估一个企业组织发展变迁的动态趋势，而且能够为探寻工作环境与员工态度之间关系背后的逻辑机制提供数据和事实支持（见图 5 – 2）。

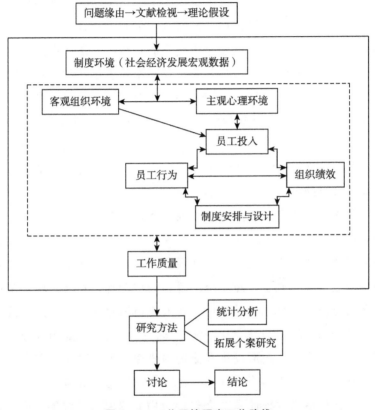

图 5 – 2　工作环境研究工作路线

首先考虑研究的结构与主体两个层面。在一个企业组织的发展变迁过程中，不仅企业的结构环境（包括工作环境在内）会影响企业员工的行为方式与价值观念，而且员工的行为与观念也能够在很大程度上反映企业中具有结构性特征的社会环境和组织文化。一个企业的发展状况可以从两个层面来考察，即客观结构层面和主观感受及态度层面。本质上，这两个层面并非截然二分，而是相互影响、相互交织，只有综合考虑结构环境与主体的行为、观念的变化才能深刻理解一个组织的发展态势。

其次是研究中的概念的操作化与指数的构建：通过理论构建与操作化形成符合中国实际的工作环境量表与指数。事实上，一个企业组织中具有良好的工作环境，能够激励员工更好地工作，使员工对企业组织有更强的认同感与归属感。另外，本项研究所使用的工作环境概念，涵盖两个层面的意涵：一是从个体层面与组织中观层面来考察个体对目前所处工作环境以及与之相关的社会条件的主观感受，验证一个假设："我作为一个个体，在一个好的工作环境中工作，能够为创造良好的组织绩效做出贡献"；二是从社会宏观层面，考察良好的工作环境对大众生活质量、城市生活的各个方面产生的主观感受，验证另外一个假设："好的工作环境能对大众的生活质量产生正相关的影响"。

将来研究使用的数据分为宏观和微观两个层面。宏观数据主要来源于国家层面关于社会经济发展的各种统计年鉴以及中国企业发展的一些宏观数据。在微观层面，本研究将在第六次全国人口普查数据的基础上，建立全国范围的抽样框；然后，按照多层复杂抽样的方法抽取城镇居民；在入户访谈过程中，通过在问卷中设计的一个问题即是否在企业工作，把本研究需要的调查对象最终抽取出来，从而形成将来分析的研究数据。在这些调查数据的基础上，这项研究将一方面构建工作环境指数和量表，另一方面通过构建适当的统计模型（包括结构方程模型、多层模型、多元回归等）来考察研究主题，验证研究假设，探寻逻辑机制。

参考文献

阿尔伯特·赫希曼，2010，《经济发展过程中收入不平等容忍度的变化》，刁琳琳译，《比较》第 3 期。

安东尼·吉登斯，1998，《民族国家与暴力》，胡宗泽、赵力涛译，三联书店。

安晓镜、罗小兰、李洪玉，2009，《"工作投入"研究之综述》，《管理技巧》第 3 期。

柏格森，2004，《创造进化论》，姜志辉译，商务印书馆。

宝贡敏、徐碧祥，2006，《组织认同理论研究述评》，《外国经济与管理》第 1 期。

彼得·莱文，2006，《工会的合法性》，载阿米·古特曼等《结社：理论与实践》，三联书店。

波兰尼，2007，《大转型：我们时代的政治与经济起源》，冯钢等译，浙江人民出版社。

布迪厄、华康生，1998，《实践与反思：反思社会学导论》，李猛、李康译，中央编译出版社。

布赖恩·特纳主编，2003，《Blackwell 社会理论指南》，李康译，上海人民出版社。

布鲁斯，1989，《社会主义的所有制和政治体制》，华夏出版社。

财政部综合计划司编，1992，《中国财政统计（1950 – 1991）》，科学出版社。

蔡兴杨，1992，《1990 年度人文发展报告：联合国开发计划署》，《世界政治经济译丛》第 3 期，第 13 ~ 20 页。

查尔斯·泰勒，2001，《自我的根源：现代认同的形成》，韩震、王成兵、乔春霞、李伟、彭立群译，译林出版社。

晁罡、袁品、段文、程宇宏，2008，《企业领导者的社会责任取向、企业社会表现和组织绩效的关系研究》，《管理学报》第3期。

晁罡，2008，《企业社会责任取向的结构及其效应》，华南理工大学博士学位论文。

陈佳贵编，2008，《中国企业改革发展三十年》，中国财政经济出版社。

陈静静，2011，《组织社会化、心理资本与员工绩效关系研究》，华南理工大学硕士学位论文。

陈佩华，1994，《革命乎？组合主义乎？——后毛泽东时期的工会和工人运动》，《当代中国研究》第4期。

陈润龙，2007，《组织支持影响工作投入的中介变量和调节变量》，华南师范大学硕士学位论文。

陈珊，2009，《企业文化与员工工作生活质量关系的实证研究》，武汉理工大学硕士学位论文。

陈树强，2003，《增权：社会工作理论与实践的新视角》，《社会学研究》第5期。

陈维政、李金平、吴继红，2006，《组织气候对员工工作投入及组织承诺的影响作用研究》，《管理科学》第6期。

程虹娟，2002，《大学生社会支持及其与社会适应关系的研究》，北京师范大学硕士学位论文。

程延园，2004，《集体谈判制度在我国面临的问题及其解决》，《中国人民大学学报》第2期。

大卫·艾勒曼，1998，《民主与公司制》，李大光译，新华出版社。

戴建中，2001，《现阶段中国私营企业主研究》，《社会学研究》第5期。

丹尼尔·古斯坦，2003，《全球化是什么》，载常凯等主编《全球化下的劳资关系与劳工政策》，中国工人出版社。

迪尔凯姆，1996，《自杀论》，冯韵文译，商务印书馆。

第二次私营企业员工问卷调查课题组，2002，《中国私营企业员工问卷调查数据与分析》，载张厚义、明立志、梁传运主编《中国私营企业发展报告（2001）》，社会科学文献出版社。

董临萍、张文贤，2006，《国外组织情境下魅力型领导理论研究探析》，《外国经济与管理》第 11 期。

窦胜功、卢纪华，2008，《人力资源管理与开发》，清华大学出版社。

段陆生，2008，《工作资源、个人资源与工作投入的关系研究》，河南大学硕士学位论文。

段文斌等编著，1998，《冲出围城：国有企业何处去》，中国对外经济贸易出版社。

范斌，2004，《弱势群体的增权及其模式选择》，《学术研究》第 12 期。

范丽群、石金涛、王庆燕，2006，《国外组织气氛研究综述》，《华东经济管理》第 1 期。

方显廷、毕相辉，1936，《由宝坻手指工业观察工业制度之演变》，《政治经济学报》第 2 期。

付允，2011，《可持续发展的公平度量》，中国发展出版社。

傅青叶，2003，《现代企业统计的实现形式》，《统计与决策》第 10 期，第 87~88 页。

高爱娣，2008，《中国工人运动史》，中国劳动社会保障出版社。

高柏，2008，《中国经济发展模式转型与经济社会学制度学派》，《社会学研究》第 4 期。

高柏，2009，《金融秩序与国内经济社会》，《社会学研究》第 2 期。

高宝华，2009，《我国近代包买制工场经营的概念、形式和特点》，《学术论坛》第 2 期。

高辉清等，2007，《2004 年中国收入分配中非正常成分的价值估算》，中国经济体制改革研究会公共政策研究中心系列研究报告。

高建奕，2007，《组织认同研究综述》，《昆明大学学报》第 1 期。

高婧，2008，《组织政治知觉与员工犬儒主义：心理契约违背的中介作用》，《管理学报》第 1 期。

高丽，2008《A 公司企业文化、组织变革、组织承诺的关系研究》，上海交通大学硕士学位论文。

高宣扬，2005，《布迪厄的社会理论》，同济大学出版社。

戈夫曼，2008，《日常生活的自我呈现》，冯钢译，北京大学出版社。

顾明远编，1990，《教育大词典》，上海教育出版社。

顾少华，2008，《我国企业知识型员工工作生活质量与工作绩效关系研究》，西南财经大学硕士学位论文。

顾昕、王旭，2005，《从国家主义到法团主义——中国市场转型过程中国家与专业团体关系的演变》，《社会学研究》第 2 期。

郭劲松等，2007，《新形势下国有企业劳动关系研究》，中国社会科学出版社。

郭静静，2007，《企业员工组织认同结构维度及其相关研究》，暨南大学硕士学位论文。

国家统计局，2003a，《国家统计局公报》。

国家统计局，2003b，《中国统计年鉴（2003）》，中国统计出版社。

哈拉尔，1999，《新资本主义》，社会科学文献出版社。

哈纳米等，1997，《市场经济国家解决劳资冲突的对策》，中国方正出版社。

海闻主编，1997，《中国乡镇企业研究》，中华工商联合出版社。

韩雪松，2007，《影响员工组织认同的组织识别特征因素及作用研究》，四川大学博士学位论文。

韩英杰、夏清成主编，1995，《国有企业利润分配制度新探》，中国经济出版社。

何立、凌文辁，2008，《企业不同类型组织文化对员工组织认同与工作投入的影响作用研究》，《科学学与科学技术管理》第 5 期。

何立、凌文辁，2010，《领导风格对员工工作绩效的作用：组织认同和工作投入的影响》,《企业经济》第 11 期。

何维达主编,1999,《公司治理结构的理论与案例》,经济科学出版社。

赫尔雷格尔、斯洛克姆、伍德曼,2001,《组织行为学》,俞文钊等译,华东师范大学出版社。

黑尔里格尔,2001,《组织行为学》,岳进译,中国社会科学出版社。

胡冬梅、陈维政,2012,《组织社会化策略与自我效能感匹配的实证研究——以领导支持风格为调节变量》,《经济体制改革》第 1 期。

胡新新,2010,《组织社会化策略、组织社会化内容与员工敬业度的关系研究》,浙江工商大学硕士学位论文。

华尔德,1996,《共产党社会的新传统主义》,龚小夏译,香港牛津大学出版社。

黄坚学,2006,《员工参与及其对工作倦怠和组织公平感的影响》,江西师范大学硕士论文。

黄静,2003,《以人为本的企业文化》,武汉大学出版社。

黄文夫,2005,《中国非公经济规模有多大?》,中国生产力发展国际论坛报告。

黄希庭、杨雄,1998,《青年学生自我价值感量表的编制》,《心理科学》第 4 期。

黄喜玲,2007,《领导型态、组织文化、全面品质管理对组织绩效之影响》,(台湾)中山大学硕士论文。

贾海薇、王文生、朱正威,2003,《工作生活质量的影响因素及评价指标》,《华南农业大学学报》(社会科学版)第 2 期。

焦海涛,2008,《企业员工工作投入的相关因素研究》,曲阜师范大学硕士学位论文。

焦海涛、宋广文、潘孝富,2008,《中学组织气氛与教师工作投入关系研究》,《中国健康心理学杂志》第 16 期。

金子勇，1986，《为了城市的生活质量》，《国外社会科学》第 2 期。

荆其诚编，1991，《简明心理学百科全书》，湖南教育出版社。

荆延杰，2008，《企业交易型领导的特征结构及有效性研究》，湖南大学硕士学位论文。

剧锦文，2000，《员工持股计划与国有企业的产权改革》，《管理世界》第 6 期。

卡尔·波普尔，1998，《开放的社会及其敌人》（第 1 卷），郑一明译，中国社会科学出版社。

卡罗尔·佩特曼，2006，《参与和民主理论》，陈尧译，上海人民出版社。

柯武刚、史漫飞，2002，《制度经济学：社会秩序与公共政策》，商务印书馆。

科尔奈，1986，《短缺经济学》（上下卷），张晓光等译，经济科学出版社。

科尔奈，2008，《社会主义体制——共产主义政治经济学》，张安译，中央编译出版社。

科斯，1990，《企业、市场与法律》，盛洪等译，上海三联书店。

科斯，1994，《企业的性质》，载《论生产的制度结构》，盛洪、陈郁译校，上海三联书店。

拉斯莱特，2007，《洛克〈政府论〉导论》，冯克利译，三联书店。

劳动与社会保障部劳动科学所"转型时期中国劳动关系问题研究"课题组，2004，《消除原始式的劳动关系是当前刻不容缓的任务——中国劳动关系现状与调节模式选择》，《经济要参》第 15 期。

李超平、田宝、时勘，2006，《变革型领导与员工工作态度：心理授权的中介作用》，《心理学报》第 2 期。

李春好、曲久龙主编，2009，《项目融资》，科学出版社。

李聪明，1989，《教育生态学导论：教育问题的生态学思考》，（台北）学生书局。

李稻葵，1995，《转型经济中的模糊产权论》，《经济研究》第 4 期。

李稻葵，2007，《重视 GDP 中劳动收入比重的下降》，《新财富》9
月 21 日。

李枫、李成江，2009，《高校教师心理契约与组织公民行为关系研
究——基于组织认同中介作用的分析》，《江海学刊》第 5 期。

李海江、杨娟、贾磊、张庆林，2011，《不同自尊水平者的注意偏
向》，《心理学报》第 8 期。

李汉林，2004，《中国单位社会》，上海人民出版社。

李汉林等，2006，《组织变迁的社会过程》，东方出版中心。

李汉林主编，2012，《中国社会发展年度报告（2012）》，中国社会
科学出版社。

李汉林，2012，《关于组织中的社会团结——一种实证的分析》，
《社会科学管理与评论》第 4 期。

李汉林主编，2013，《中国社会发展年度报告（2013）》，中国社会
科学出版社。

李汉林等，2013，《发展过程中的满意度》，《社会学评论》第 1 期。

李汉林、李路路，1999，《资源与交换——中国单位组织中的依赖
性结构》，《社会学研究》第 4 期。

李汉林、渠敬东，2005，《中国单位组织的失范效应》，上海人民
出版社。

李汉林、魏钦恭，2013，《社会景气与社会信心研究》，中国社会
科学出版社。

李金波、许百华、陈建明，2006，《影响员工工作投入的组织相关
因素研究》，《应用心理学》第 2 期。

李猛、周飞舟、李康，1996，《单位：制度化组织的内部机制》，
《中国社会科学季刊》（香港）总第 12 辑。

李培林等，1992，《转型中的中国企业》，山东人民出版社。

李琪，2003，《改革与修复——当代中国国有企业的劳动关系研究》，
中国劳动社会保障出版社。

李强，1998，《社会支持与个体心理健康》，《天津社会科学》第1期。

李锐、凌文辁，2007，《工作投入研究的现状》，《心理科学进展》第15期。

李实等主编，2008，《中国居民收入分配研究Ⅲ》，北京师范大学出版社。

李文东、时勘、何丹庄、锦英、梁建春、徐建平，2007，《工作满意度、情感承诺和工作投对工作技能评价结果的影响》，《心理学报》第1期。

李艳华，2008，《企业社会责任表现对员工组织行为的影响研究》，《当代经济管理》第8期。

李永鑫、张阔，2007，《工作倦怠研究的新趋势》，《心理科学》第2期。

李永鑫、张娜、申继亮，2007，《Mael组织认同问卷的修订及其与教师情感承诺的关系》，《教育学报》第6期。

李玉刚，2008，《国有企业人力资源管理中存在的问题及对策研究》，《生产力研究》第17期。

李原，2006，《企业员工的心理契约——概念、理论及实证研究》，复旦大学出版社。

李真，2010，《魅力型领导与工作投入的关系研究》，苏州大学硕士学位论文。

连晖，2009，《知识员工组织支持感、组织自尊和组织承诺的关系研究》，华东师范大学硕士学位论文。

梁宁建、吴明证、邱扶东、汤文洁、丁莹，2009，《基于分化/整合视角的自尊结构与心理调适的关系》，《心理科学》第1期。

林崇德编，1995，《发展心理学》，人民教育出版社。

林锋，2006，《领导风格和心理控制源对工作倦怠的关联影响研究》，同济大学硕士学位论文。

林家五、熊欣华、黄国隆，2006，《认同对决策嵌陷行为的影响：

个体与群体层次的分析》，《台湾管理学刊》第 1 期。

林琳，2008，《工作投入研究现状与展望》，《管理评论》第 3 期。

林毅夫，1994，《关于制度变迁的经济学理论：诱致性变迁与强制性变迁》，载《财产权利与制度变迁》，上海三联书店。

林毅夫、蔡昉、李周，2002，《中国的奇迹：发展战略与经济改革》（增订版），上海人民出版社。

凌文辁、方俐洛，2003，《心理与行为测量》，机械工业出版社。

凌文辁、郑晓明、方俐洛，2003，《社会规范的跨文化比较》，《心理学报》第 35 期。

刘海玲，2006，《企业员工工作生活质量及其与组织承诺的关系研究》，河南大学硕士学位论文。

刘华，2011，《组织支持感对组织信任、工作投入、工作满意感的影响研究》，《经济论坛》第 6 期。

刘杰、孟会敏，2009，《关于布郎芬布伦纳发展心理学生态系统理论》，《中国健康心理学杂志》第 2 期。

刘玲、杨杰，2008，《新员工引导的内涵与策略解析》，《科技与管理》第 5 期。

刘璞、井润田，2007，《领导行为、组织承诺对组织公民权行为影响机制的研究》，《管理工程学报》第 3 期。

刘世定，1996，《占有制度的三个维度及占有认定机制：以乡镇企业为例》，载潘乃谷、马戎编《社区研究与社会发展》（下），天津人民出版社。

刘世定，2003，《占有、认知与人际关系：对中国乡村制度变迁的经济社会学分析》，华夏出版社。

刘维佳，2006，《中国"四农"问题数据解析》，《社会发展论坛》第 1 期。

刘维民、何爽，2009，《组织支持研究进展综述》，《社会心理学》第 24 期。

刘雯清，2007，《工作投入影响因素分析》，《商场现代化》第

32 期。

柳新元、张铭，2002，《分享制的形式、本质与主要模式》，《浙江学刊》第 2 期。

卢昌崇，1999，《企业治理结构》，东北财经大学出版社。

卢代富，2002，《企业社会责任的经济学与法学分析》，法律出版社。

卢飞鸿，2008，《领导－成员交换与工作满意度对工作绩效影响的实证研究》，中山大学硕士学位论文。

卢瑟福，1999，《经济学中的制度》，陈建波、郁仲莉译，中国社会科学出版社。

卢涛、王志贵，2009，《基于员工视角的企业社会责任对组织认同的影响研究》，《湖北社会科学》第 8 期。

陆海志，2010，《企业文化对员工组织认同的影响研究》，江苏大学硕士学位论文。

路风，1989，《单位：一种特殊的社会组织》，《中国社会科学》第 1 期。

路风，1993，《中国单位体制的起源和形成》，《中国社会科学季刊》（香港）总第 4 卷。

路风，2000，《国有企业转变的三个命题》，《中国社会科学》第 5 期。

罗茨，2004，《新的治理》，载俞可平编《治理与善治》，社会科学文献出版社。

罗卫东、蒋自强，1994，《兰格模式与社会主义市场经济理论——社会主义市场经济理论的历史渊源》，《学术月刊》第 5 期。

罗慰心，2008，《IT 企业 80 后员工组织认同及其相关因素的实证研究》，暨南大学硕士学位论文。

罗西瑙，2001，《世界政治中的治理、秩序和变革》，载罗西瑙等编《没有政府的统治》，江西人民出版社。

罗泽尔、李建光，1992，《中国经济改革中村干部的经济行为》，经济管理出版社。

骆静、廖建桥，2007，《企业员工工作投入研究综述》，《外国经济与管理》第 5 期。

吕俊华，1998，《自尊论》，上海文化出版社。

吕英，2008，《基于员工视角的企业社会责任与员工满意度关系的实证研究——以西安地区 IT 和零售企业为例》，西北大学硕士学位论文。

马超，2006，《组织政治认知对员工行为的影响》，《心理科学》第 6 期。

马超、凌文辁、方俐洛，2006，《企业员工组织政治认知量表的构建》，《心理学报》第 1 期。

马丁·威茨曼，1986，《分享经济——用分享制代替工资制》，林青松等译，中国经济出版社。

马克·罗伊，2008，《公司治理的政治维度：政治环境与公司影响》，陈宇峰等译，中国人民大学出版社。

马克立·科尔钦斯基、兰迪·霍德森、保罗·爱德华兹等主编，2012，《工作社会学》，姚伟等译，中国人民大学出版社。

玛格丽特·布莱尔，1999，《所有权与控制——面向 21 世纪的公司治理探索》，张荣刚译，中国社会科学出版社。

马斯洛，1987，《自我实现的人》，许金声等译，三联书店。

马斯洛，2007，《动机与人格》，许金声译，中国人民大学出版社。

马歇尔，2005，《经济学原理》上卷，朱志泰译，商务印书馆。

麦嘉潮，2006，《审理涉农民工劳动争议案件存在的问题与对策分析》，"关于开展佛山市农民工管理与服务专题调查"的调研材料。

曼纽尔·卡斯特，2006，《认同的力量》，曹荣湘译，社科文献出版社。

毛世佩，2008，《人际和谐倾向、分配公平倾向对个人创新行为影响研究》，浙江大学硕士学位论文。

默顿，2008，《社会理论和社会结构》，唐少杰、齐心等译，译林出版社。

纳撒尼尔·布兰登，1998，《自尊的六大支柱》，吴奇译，红旗出版社。

聂元飞，1989，《地位象征和相对剥夺：主观分层的二律背反》，《社会》第 7 期。

诺斯，1991，《经济史中的结构与变迁》，厉以平译，上海三联书店。

诺斯，1994，《制度、制度变迁与经济绩效》，刘守英译，上海三联书店。

帕特里克·贝尔特，2005，《二十世纪的社会理论》，瞿铁鹏译，上海译文出版社。

潘恩强等，1998，《共有制与国有企业改革》，经济科学出版社。

潘小菊，2010，《民营企业员工组织认同及其与工作投入关系研究》，西南财经大学硕士学位论文。

潘鑫、王奋，2008，《餐饮企业员工敬业度影响因素分析——以 W 企业为例》，《中国民营科技与经济》第 5 期。

潘毅，1999，《开创一种抗争的次文本——工厂里一位女工的尖叫、梦魇和叛离》，《社会学研究》第 5 期。

平乔维奇，1999，《产权经济学》，蒋琳琦译，经济科学出版社。

齐欧，2011，《组织社会化、组织认同和员工创新行为的关系》，暨南大学硕士学位论文。

钱白云、苏倩倩、郑全全，2011，《组织创新气氛与中小企业员工创新行为：工作投入的中介作用》，《人类工效学》第 2 期。

钱颖一，2003，《现代经济学与中国经济改革》，中国人民大学出版社。

卿涛、彭天宇、罗键，2007，《企业知识员工工作生活质量结构维度探析》，《西华大学学报》（哲学社会科学版）第 10 期。

邱皓政、陈燕祯、林碧芳，2009，《组织创新气氛量表的发展与信效度衡鉴》，《测验学刊》第 1 期。

邱泽奇，1999，《在工厂化和网络化的背后——组织理论的发展与困境》，《社会学研究》第 4 期。

渠敬东、周飞舟、应星，2009，《从总体支配到技术治理：基于中国改革三十年经验的社会学分析》，《中国社会科学》6 期。

任焰、潘毅，2006，《跨国劳动过程的空间政治：全球化时代的宿舍劳动体制》，《社会学研究》第 4 期。

任玉岭，2005，《企业应承担的八大社会责任》，《中国经济周刊》第 41 期。

邵秉仁，2001，《我国实行职工持股需要研究的几个问题》，《经济界》第 2 期。

沈伊默，2007，《从社会交换的角度看组织认同的来源及效益》，《心理学报》第 5 期。

石少侠、王福友，1999，《论职工参与权》，《法制与社会发展》3 期。

石伟、黄希庭，2003，《内隐自尊研究》，《心理科学》第 4 期。

斯托克，2000，《作为理论的治理：五个论点》，载俞可平编《治理与善治》，社会科学文献出版社。

宋锦洲，2006，《行业工会组织变革与发展研究》，华东师范大学博士论文。

苏雪梅、葛建华，2007，《组织认同理论研究述评与展望》，《南大商学评论》第 4 期。

苏雪梅、葛建华，2009，《员工社会化视角下的组织文化作用机制研究》，《科学学与科学技术管理》第 12 期。

孙健敏，2009，《中国背景下组织认同的结构：一项探索性研究》，《社会学研究》第 1 期。

孙立平，2003，《断裂：20 世纪 90 年代的中国社会》，社会科学文献出版社。

孙立平，2004，《转型与断裂——改革以来中国社会结构的变迁》，清华大学出版社。

孙立平，2005a，《“自由流动资源”与自由流动空间》，载孙立平

《现代化与社会转型》，北京大学出版社。

孙立平，2005b，《20世纪90年代中期以来中国社会的结构演变》，载孙立平《现代化与社会转型》，北京大学出版社。

谭小宏、秦启文、潘孝富，2007，《企业员工组织支持感与工作满意度、离职意向的关系研究》，《心理科学》第2期。

唐春勇、潘妍，2010，《领导情绪智力对员工组织认同、组织公民行为影响的跨层分析》，《南开管理评论》第4期。

唐任伍，2011，《中国民生发展指数总体设计框架》，《改革》第9期。

田录梅、张向葵、于海峰，2003，《运动员与非运动员大学生身体自尊及整体自尊研究》，《心理学探新》第4期。

田毅鹏、漆思，2005，《"单位社会"的终结——东北老工业基地"典型单位制"背景下的社区建设》，社会科学文献出版社。

涂尔干，2001a，《社会分工论》，三联书店。

涂尔干，2001b，《职业伦理与公民道德》，上海人民出版社。

王保树，2001，《职工持股会的法构造与立法选择》，《法商研究》第4期。

王斌，2000，《企业职工持股制度国际比较》，经济管理出版社。

王奋宇、李路路等，2001，《中国城市劳动力流动》，北京出版社。

王国强，2006，《职工权益保护是衡量国企改制成功与否的标尺》，《中国房地信息》第5期。

王汉生、申静，2005，《集体产权在中国乡村生活中的实践逻辑：社会学视角下的产权建构过程》，《社会学研究》第1期。

王明辉，2006，《企业员工组织社会化内容结构及其相关研究》，暨南大学博士学位论文。

王明辉、凌文辁，2006，《员工组织社会化研究的概况》，《心理科学进展》第5期。

王瑞璞、张湛彬，2002，《中国国有企业制度创新》，中国经济出版社。

王晓芳，1995，《产权、产权制度与融资结构》，《财经研究》第1期。

王彦斌，2007，《社会心理测量中降低主观性偏差的方法探索——一项关于组织认同的测量思路与量表设计及其结果》，《社会》第6期。

王彦峰、秦金亮，2009，《工作倦怠和工作投入的整合》，《心理科学进展》第4期。

王彦斌、赵晓荣，2011，《国家与市场：一个组织认同的视角》，《江海学刊》第1期。

王雁飞、朱瑜，2006，《组织社会化理论及其研究评介》，《外国经济与管理》第5期。

威尔·杜兰特，1991，《探索的思想：哲学的故事》（下册），朱安等译，文化艺术出版社。

韦伯，2005，《经济行动与社会团体》，康乐、简惠美译，广西师范大学出版社。

韦伯，2010，《学术与政治》，钱永祥等译，广西师范大学出版社。

魏杰，2000，《当前探讨国有产权制度的几个问题》，《清华大学中国经济研究中心研究动态》总第35期。

魏蕾、时勘，2010，《家长式领导与员工工作投入：心理授权的中介作用》，《心理与行为研究》第8期。

魏运华，1997，《自尊的结构模型及儿童自尊量表的编制》，《心理发展与教育》第3期。

文茂伟，2011，《"组织领导力发展"内涵探讨》，《外国经济与管理》第12期。

文森特·帕里罗、约翰·史汀森、阿黛思·史汀森，2002，《当代社会问题》，周兵、单弘、蔡翔译，华夏出版社。

沃尔德，1996，《共产党社会的新传统主义：中国工业中的工作环境和权力结构》，龚小夏译，（香港）牛津大学出版社。

吴春波、曹仰锋、周长辉，2009，《企业发展过程中的领导风格演变：案例研究》,《管理世界》第 2 期。

吴狄, 2006,《中国企业文化测量量表开发研究》, 大连理工大学硕士学位论文。

吴敬琏、黄少卿, 2008,《对国有企业的放权让利》,《中欧商业评论》8 月 22 日。

吴靖, 2010,《组织社会化策略与新员工的工作满意度、离职倾向的关系研究》, 浙江工商大学硕士学位论文。

吴申耀, 2006,《关于工会工作社会化的实践与思考》,《中国工运》第 8 期。

吴知, 1936,《乡村织布工业的一个研究》, 商务印书馆。

项怀诚主编, 1994,《中国财政体制改革》, 中国财政经济出版社。

谢茂拾, 2005,《企业人力资源制度创新》, 经济管理出版社。

谢志华, 2007,《竞争优势：制度选择》, 首都经济贸易大学出版社。

徐艳, 2007,《中国员工工作投入的现状研究》,《经营管理》第 1 期。

许科、王明辉、刘永芳, 2008,《员工组织社会化程度对其行为绩效的影响》,《心理科学》第 3 期。

严效新、沈进, 2009,《民企员工组织公平与组织公民行为关系研究》,《中国商贸》第 9 期。

杨菊华, 2012,《数据管理与模型分析：STATA 软件应用》, 中国人民大学出版社。

杨瑞龙、周业安, 2000,《企业的利益相关者理论与应用》, 经济科学出版社。

杨瑞龙等, 2001,《企业共同治理的经济学分析》, 经济科学出版社。

杨新国、范会勇, 2008,《工作投入的概念、测量与理论模型》,《南方论刊》第 5 期。

姚琦、乐国安, 2008,《组织社会化研究的整合：交互作用视角》,《心理科学进展》第 4 期。

姚洋, 1998,《非国有经济成分对我国工业企业技术效率的影响》,

《经济研究》第 12 期。

叶莲花、凌文辁，2007，《员工的工作投入及其提高策略》，《统计与决策》第 4 期。

叶银华，1999，《家族控股集团、核心企业与报酬互动之研究：台湾与香港证券市场之比较》，《管理评论》（台湾）第 2 期。

余琼、袁登华，2008，《员工及其管理者的情绪智力对员工工作绩效的影响》，《心理学报》第 1 期。

约翰·科特、赫斯克特，2004，《企业文化与经营业绩》，李晓涛译，中国人民大学出版社。

曾晖、韩经纶，2005，《提高员工敬业度》，《企业管理》第 5 期。

翟学伟，2001，《中国人行动的逻辑》，社会科学文献出版社。

詹姆斯·米德，1989，《分享经济的不同形式》，冯举译，《经济体制改革》第 1 期。

张德，2007，《人力资源开发与管理》，清华大学出版社。

张行，2011，《构建"真诚领导"视角下员工工作投入度提升体系》，《中国人力资源开发》第 4 期。

张辉华，2006，《管理者的情绪智力及其与工作绩效的关系研究》，暨南大学博士学位论文。

张辉华、李爱梅、凌文辁、徐波，2009，《管理者情绪智力与绩效的关系：直接和中介效应研究》，《南开管理评论》第 3 期。

张建君，2005，《政府权力、精英关系和乡镇企业改制——比较苏南和温州的不同实践》，《社会学研究》第 5 期。

张静，2001a，《"法团主义"模式下的工会角色》，《工会理论与实践》第 1 期。

张静，2001b，《利益组织化单位：企业职代会案例研究》，中国社会科学出版社。

张静，2002，《自尊问题研究综述》，《南京航空航天大学学报》（社会科学版）第 4 卷第 2 期。

张静，2005，《法团主义》，中国社会科学出版社。

张军，2006，《双轨制经济学：中国的经济改革（1978 - 1992）》，上海三联书店。

张军等，2008，《中国企业的转型带路》，格致出版社、上海人民出版社。

张林，2006，《自尊：结构与发展》，中国社会科学出版社。

张玲，2006，《贫困大学生主观幸福感研究》，华东师范大学硕士学位论文。

张培峰，2009，《从组织文化看员工敬业度》，《中外企业文化》第3期。

张唯实，2012，《中国区域生产效率与经济发展软投入的统计考量》，《统计与决策》第13期。

张维迎，1995，《企业的企业家——契约理论》，上海三联书店。

张香美，2010，《员工组织社会化内容对情感承诺、组织公民行为的影响研究》，浙江工商大学硕士学位论文。

张向葵、张林、赵义泉，2004，《关于自尊结构模型的理论建构》，《心理科学》第4期。

张燕，2006，《工作不安全感及其与工作投入之间关系的研究》，浙江大学硕士学位论文。

张轶文、甘怡群，2005，《中文版 Utrecht 工作投入量表（UWES）的信效度检验》，《中国临床心理学杂志》第3期。

张莹瑞、佐斌，2006，《社会认同理论及其发展》，《心理科学进展》第3期。

张镇、李幼穗，2005，《青少年内隐与外显自尊的比较研究》，《心理与行为研究》第3期。

张卓元、郑海航编，2008，《中国国有企业改革30年回顾与展望》，人民出版社。

章迪诚，2006，《中国国有企业改革编年史：1978 - 2005》，中国工人出版社。

赵人伟、格里芬，1994，《中国居民收入分配研究》，中国社会科学出版社。

赵志峰，2007，《转型中的国有企业产权演化逻辑》，社会科学文
　　献出版社。

折晓叶、陈婴婴，2005，《产权怎样界定：一份集体产权私化的社
　　会文本》，《社会学研究》第 4 期。

钟建安，2011，《组织政治知觉对组织认同的影响及工作投入的中
　　介作用》，《应用心理学》第 1 期。

周长城、饶权，2001，《生活质量测量方法研究》，《数量经济技术
　　经济研究》第 10 期。

周长城，2003，《中国生活质量：现状与评价》，社会科学文献出
　　版社。

周冬霞，2010，《论布迪厄理论的三个概念工具》，《改革开放》第
　　1 期。

周飞舟，2006，《从汲取型政权到悬浮型政权：税费改革对国家与
　　农民关系之影响》，《社会学研究》第 3 期。

周其仁，1996，《市场里的企业：一个人力资本与非人力资本的特
　　别合约》，《经济研究》第 6 期。

周其仁，2002，《产权与制度变迁 – 中国改革的经验研究》，社会
　　科学文献出版社。

周雪光，2003，《组织社会学十讲》，社会科学文献出版社。

周雪光，2005，《"关系产权"：产权制度的一个社会学解释》，《社
　　会学研究》第 2 期。

周阳宗，2011，《地铁施工管理人员工作压力、工作满意度与工作
　　投入的关系研究：以中铁十六局为例》，浙江大学硕士学位
　　论文。

周怡，2006，《寻求整合的分化：来自 H 村的一项经验研究》，《社
　　会学研究》第 5 期。

朱苏丽、龙立荣，2009，《员工创新工作行为的研究述评与展望》，
　　《武汉理工大学学报》（信息与管理工程版）第 6 期。

朱薇、李敏杰，2011，《工作投入：工作倦怠研究的新视角》，《西南交通大学学报》（社会科学版）第4期。

朱晓霞，2011，《员工工作倦怠与工作投入研究——调节焦点的变革型领导行为视角》，《河南师范大学学报》（哲学社会科学版）第6期。

朱智贤编，1989，《心理学大词典》，北京师大出版社。

左雅，2011，《个体的身份认同与其职业的匹配度影响工作投入水平》，《社会心理科学》第Z1期。

Adams, J. S. 1965. "Inequilty in social exchange." *Advances in Experimental Social Psychology*, Vol. 2.

Alderfer, C. P. 1972. *Existence, Relatedness and Growth: Human Needs in Organizational Settings.* New York: Free Press.

Altman, I. & Taylor, D. 1973. *Social Penetration: The Development of Interpersonal Relationships.* New York: Holt, Rinehart and Winston.

Amabile, T. M., R. Conti, H. Coon, J. Lazenby & M. Herron. 1996. "Assessing the Work Environment for Creativity." *Academy of Management Journal*, Vol. 39, No. 5.

Andranik Tangian. 2007. "European flexicurity: concepts, ethodology and policies." *Transfer: European Review of Labour and Research*, Vol. 13, No. 4.

Anker, R., Chernyshev, Egger, I. P., Mehran, F. & Ritter, J. A. 2003. "Measuring decent work with statistical indicators." *International Labour Review*, Vol. 142, No. 2.

Anne M. Koponen, Ritva Laamanen, Nina Simonsen-Rehn, Jari Sundell, Mats Brommels & Sakari Suominen. 2010. "Job involvement of primary healthcare employees: Does a service provision model play a role?" *Scandinavian Journal of Public Health*, Vol. 38, No. 3.

Annekatrin Hoppe. 2011. "Psychosocial working conditions and well-being among immigrant and German low-wage workers. " *Journal of Occupational Health Psychology*, Vol. 16, No. 2.

Argyris, C. 1960. *Understanding Organizational Behavior.* Homewood: Dorsey Press.

Argyris, C. 1964. *Integrating the Individual and the Organization.* New York: John Wiley & Sons.

Ashforth, B. E. & Saks, A. M. 1996. "Socialization tactics: Longitudinal effects on newcomer adjustment. " *The Academy of Management Journal*, Vol. 39, No. 1.

Baccus, J. R. , Baldwin, M. W. & Packer, D. J. 2004. " Increasing implicit self-esteem through classical conditioning. " *Psychological Science*, Vol. 15, No. 7.

Baert, P. 1992. *Time, Self and Social Being: Outline of a Temporalised Sociology.* Aldershot: Ashgate.

Bakker, A. B. , Demerouti, E. & Schaufeli, W. B. 2005. "The crossover of burnout and work engagement among working couples. " *Human Relations*, Vol. 58, No. 5.

Baldwin P. J. , Dodd M. & Rennie J. S. 1999. " Young dentists-work, wealth, health and happiness. " *British Dental Journal*, Vol. 186.

Banaji, M. R. & Greenwald A. G. 1995. "Implicit gender stereotyping in judgments of fame. " *Journal of Personality and Social Psychology*, Vol. 68, No. 2.

Bandura, A. 1986. *Social Foundations of Thoughts and Action: A Social Cognitive Theory.* Englewood Cliffs, NJ: Prentice-Hall.

Bandura, A. 1997. *Self-Efficacy: The Exercise of Control.* New York: W. H. Freeman.

Barg, J. A. 1992. " Does subliminality matter to social psychology? Awareness of the stimulus versus awareness of its influence. " pp. xii and 308, in Bornstein, R. F. & Pittman, T. S. (eds.)

Perception without Awareness: *Cognitive*, *Clinical and Social Perspectives*. New York: Guilford Press.

Baron, J. N. 1998. "The employment relation as a social relation. " *Journal of the Japanese and International Economies*, Vol. 2, No. 4.

Bass, B. M. 1965. *Organizational Psychology*. Boston: Allyn and Bacon.

Battigalli, P. & Bonanno, G. 1997. "The logic of belief persistence. " *Economics and Philosophy*, No. 13.

Bennett, M. & Bell, A. 2004. *Leadership and Talent in Asia*: *How the Best Employers Deliver Extraordinary Performance*. Singapore: John Wiley & Sons (Asia).

Berger, P. L. , et al. 1992. *Die gesellschaftliche Konstruktion der Wirklichkeit*. Frankfurt.

Bescond, D. A. , Chataignier & Mehran, F. 2003. "Seven indicators to measure decent work: An international comparison. " *International Labour Review*, Vol. 142, No. 2.

Bian, Yanjie & John R. Logan. 1996. "Market transition and the persistence of power: The changing sratification system in urban China. " *American Sociological Review*, Vol. 61.

Bishop, J. A. & Inderbitzen, H. M. 1995. "Peer acceptance and friendship: An investigation of their relation to self-esteem. " *The Journal of Early Adolescence*, Vol. 15, No. 4.

Blau, G. J. & Boal, K. B. 1987. "Conceptualizing how job involvement and organizational commitment affect turnover and absenteeism. " *The Academy of Management Review*, Vol. 12, No. 2.

Blauner, B. 1964. *Alienation and Freedom*: *The Factory Worker and His Industry*. Chicago: University of Chicago Press.

Blumberg, P. 1968. *Industrial Democracy*: *The Sociology of Participation*. London: Constable.

Blummer, H. 1969. *Symbolic Interactionism: Perspective and Method.* New York: Prentice Hall.

Bolle, De Bal & Marcel. 1989. "Participation: Its contradictions, paradoxes and promises." 5, In Lammers, C. J. and Szell, G. (eds.) *International Handbook of Participation in Organizations.* Oxford: OUP, Vol. 1, pp. 11 – 2.

Bonnet, F. , Figueiredo, J. B. & Standing, G. 2003. "A family of decent work indexes." *International Labour Review*, Vol. 142, No. 2.

Bradshaw, P. 1981. *The Management of Self-Esteem, Englewood Cliffs.* NJ: Prentice Hall.

Branden, N. 1995. *The Six Pillars of Self-Esteem.* New York: Bantam.

Branden, N. 2001. *The Psychology of Self-Esteem: A Revolutionary Approach to Self-Understanding that Launched a New Era in Modern Psychology.* San Francisco: Jossey-Bass.

Branden, N. 1998. *A Woman's Self-Esteem: Struggles and Triumphs in the Search for Identity*, San Francisco: Jossey-Bass.

Britt, T. W. & Bliese, P. D. 2003. "Testing the stress-buffering effects of self engagement among soldiers on a military operation." *Journal of Personality*, Vol. 71, No. 2.

Britt, T. W. , Adler, A. B. & Bartone, P. T. 2001. "Deriving benefits from stressful events: The role of engagement in meaningful work and hardiness." *Journal of Occupational Health Psychology*, Vol. 6, No. 1.

Britt, T. W. , Thomas, J. L. & Dawson, C. R. 2006. "Self-engagement magnifies the relationship between qualitative overload and performance in a training setting." *Journal of Applied Social Psychology*, Vol. 36, No. 9.

Britt, T. W. 1999. "Engaging the self in the field: Testing the triangle model of responsibility." *Personality and Social Psychology Bulle-*

tin, Vol. 25, No. 6.

Brown, A., Charlwood, A., Forde, C. & Spencer, D. 2007. "Job quality and the economics of new labour: A critical appraisal using subjective survey data." *Cambridge Journal of Economics*, Vol. 31, No. 6.

Brown, S. P. 1996. "A meta-analysis and review of organizational research on job involvement." *Psychological Bulletin*, Vol. 120, No. 2.

Budner, N. Y. S. 1962. "Intolerance of ambiguity as a personality variable." *Journal of Personality*, Vol. 30, No. 1.

Burchell, B., Sehnbruch, K., Piasna, A. & Agloni, N. 2014. "The quality of employment and decent work: Definitions, methodologies, and ongoing debates." *Cambridge Journal of Economics*, Vol. 38, No. 2.

Buss, D. M. 1987. "Selection, evocation, and manipulation." *Journal of Personality and Social Psychology*, Vol. 53, No. 6.

Cable, D. M. & Parsons, C. K. 2001. "Socialization tactics and person-organization fit." *Personnel Psychology*, Vol. 54, No. 1.

Caglayan C, Hamzaoglu O, Yavuz CI & Yüksel S. 2010. "Working conditions and health status of child workers: cross-sectional study of the students at an apprenticeship school in Kocaeli." *Pediatrics International*, Vol. 52, No. 1.

Callan, V. J. 1993. "Individual and organizational strategies for coping with organizational change." *Work and Stress*, Vol. 7, No. 1.

Cassel, J. 1976. "The contribution of the social environment to host resistance: The Fourth Wade Hampton Frost Lecture." *American Journal of Epidemiology*, Vol. 104, No. 2.

Chandler, A. 1991. *Scale and Scope: The Dynamics of Industrial Capitalism*. Harvard University Press.

Chao, G. T., A. M. O'Leary-Kelly, Wolf, S., Klein, H. J. & Gard-

ner, P. D. 1994. "Organizational socialization: Its content and con-
sequences. " *Journal of Applied Psychology*, Vol. 79, No. 5.

Chao, G. T. , Walz, P. M. & Gardner, P. D. 1992. "Formal and infor-
mal mentorships: A comparison on mentoring functions and contrast
with non-mentored counterparts. " *Personnel Psychology*, Vol. 45.

Chaudhuri, K. K. 1992. "Employee participation. " in Gyorgy Szell
(eds.) *Concise Encyclopaedia of Participation and Co-Manage-
ment.* New York: Walter de Gruyter, pp. 296 – 304.

Che, Jiahua. 2002. "Rent seeking and government ownership of firms:
An application to China's township village enterprise. " *Journal of
Comparative Economics*, Vol. 30, No. 4.

Cheek, T. & Saich, T. (eds.) 1998. *New Perspectives on State Social-
ism in China.* New York: ME Sharpe.

Clark, A. E. 1996. "Job satisfaction in Britain. " *British Journal of In-
dustrial Relations*, Vol. 34, No. 2.

Clark, A. E. 1998. "Measures of job-satisfaction: What makes a good
job?" *OECD Labour Market and Social Policy Occasional Papers*,
No. 34, Paris: OECD Publishing.

Clark, A. E. 2005. "Your money or your life: Changing job quality in OECD
countries. " *British Journal of Industrial Relations*, Vol. 43, No. 3.

Clarke, Simon. 2005. "Post-socialist trade unions: China and Russia. "
Industrial Relations Journal, Vol. 36.

Clegg, Stewart R. 1983. "Organizational democracy, power and partici-
pation. " In C. Crouch & F. Heller (eds.) *International Yearbook
of Organizational Democracy.* Chinchester, Wiley, No. 1.

Cobb, S. 1976. "Social support as a moderator of life stress. " *Psychoso-
matic Medicine*, Vol. 38, No. 5.

Cohen, S. & Mckey, G. 1984. "Social support, stress and the buffe-
ring hypothesis: A theoretical analysis. " in A. Baum, S. E. Taylor

& J. E. Singer (eds.) *Handbook of Psychology and Health.* Hillsdale: L. Erlbaum Associates, pp. 253 - 267.

Coleman, J. C., Butcher, J. N. & Carson, R. C. 1980. *Abonormal Psychology and Mordern Life*, *6th Edition.* Glenview, Ill: Scott Foresman and Company.

Cooley, C. H. 1902. *Human Nature and the Social Order.* New York: Scribner.

Cooper Smith, S. 1959. "A method for determining types of self-esteem." *The Journal of Abnormal and Social Psychology*, Vol. 59, No. 1.

Cooper Smith, S. 1967. *The Antecedents of Self-Esteem.* San Francisco: W. H. Freeman.

Cooper-Thomas, H. & Anderson, N. 2002. "Newcomer adjustment: The relationship between organizational socialization tactics, information acquisition and attitudes." *Journal of Occupational and Organizational Psychology*, Vol. 75, No. 4.

Cooper-Thomas, H. D. & Anderson, N. 2005. "Organizational socialization: A field study into socialization success and rate." *International Journal of Selection and Assessment*, Vol. 13, No. 2.

Cooper-Thomas, H. D. & Anderson, N. 2006. "Organizational socialization: A new theoretical model and recommendations for future research and HRM practices in organizations." *Journal of Managerial Psychology*, Vol. 21, No. 5.

Cooper-Thomas, H. D. & Wilson, M. G. 2011. "Influences on newcomers' adjustment tactic use." *International Journal of Selection and Assessment*, Vol. 19, No. 4.

Cooper-Thomas, H. D., Anderson, N. & Cash, M. 2012. "Investigating organizational socialization: A fresh look at newcomer adjustment strategies." *Personnel Review*, Vol. 41, No. 1.

Costrell, R. M. 1990. "Methodology in the 'job quality' debate." *Indus-*

trial Relations: *A Journal of Economy and Society*, Vol. 29, No. 1.

Cressey, Peter, et al. 1987. *Participation Review*: *A Review of Foundation Studies on Participation*. Dublin: European Foundation for the Improvement of Living and Working Conditions.

Crocker, J. & Nuer, N. 2004. "Do people need self-esteem? Comment on Pyszczynski et al. " *Psychological Bulletin*, Vol. 130, No. 3.

Cropanzano, R. , Howes, J. C. , Grandey, A. A. & Toth, P. 1997. "The relationship of organizational politics and support to work behaviors, attitudes, and stress. " *Journal of Organizational Behavior*, Vol. 18, No. 2.

Csikszentmihalyi, M. 1996. *Creativity*: *Flow and the Psychology of Discovery and Invention*. New York: Harper Collins.

Cummins, R. A. 1996. "The domains of life satisfaction: An attempt to order chaos. " *Social Indicators Research*, No. 38.

Cutrona, C. E. & Russell, D. W. 1990. "Type of social support and specific stress: Toward a theory of optimal matching. " in Sarason, B. R. , Sarason, L. G. & Pierce, G. R. (eds.) *Social Support*: *An Interactional View*. New York: John Wiley & Sons, pp. 319 – 366.

Daft, R. L. 1986. *Organization Theory and Design*. New York: West Publishing Company.

Davide Antonioli & Massimiliano Mazzanti. 2009. "Techno-organisational strategies, environmental innovations and economic performances. Micro-evidence from an SME-based industrial district. " *Journal of Innovation Economics*, Vol. 0 No. 1.

Davis, J. A. 1959. "A formal interpretation of the theory of relative deprivation. " *Sociometry*, Vol. 22, No. 4.

Day, D. V. & O'Connoer, P. M. G. 2003. "Leadership development: Understanding the process. " in Murphy, S. E. & Riggore, R. E. (eds.) *The Future Leadership Development*. Mahwah, NJ: Erlbaum, pp. 21 – 28.

Dehart, T. & Pelham, B. W. 2007. "Fluctuations in state implicit self-esteem in response to daily negative events." *Journal of Experimental Social Psychology*, Vol. 43, No. 1.

Dehart, T., Pelham, B. W. & Tennen, H. 2006. "What lies beneath: Parenting style and implicit self-esteem." *Journal of Experimental Social Psychology*, Vol. 42, No. 1.

Dehart, T. 2003. *The Hidden Effects of Early Experiences: The Origins and Stability of Implicit Self-Esteem.* Ann Arbor: UMI.

Demaray, M. K. & Malecki, C. K. 2002. "The relationship between perceived social support and maladjustment for students at risk." *Psychology in the Schools*, Vol. 39, No. 3.

Demerouti, E., Bakker, A. B., Vardakou, I. & Kantas, A. 2003. "The convergent validity of two burnout instruments: A multitrait-multimethod analysis." *European Journal of Psychological Assessment*, Vol. 19, No. 1.

Denison, D. R. & Mishra, A. K. 1995. "Toward a theory of organizational culture and effectiveness." *Organization Science*, Vol. 6, No. 2.

Derber, Ch. & Schwartz, W. 1985. "Towards a theory of worker participation." *Sociology of Work Book of Readings*, Athabasca University.

Dlugos, G., Dorow, W. & Weiermair, K. 1988. *Management Under Differing Labor Market and Employment Systems.* New York: Walter de Gruyter.

Donnellan, M. B., Trzesniewski, K. H., Robins, R. W., Moffitt, T. E. & Caspi, A. 2005. "Low self-esteem is related to aggression, antisocial behavior, and delinquency." *Psychological Science*, Vol. 16, No. 4.

Douglas, M. 1986. *How Institutions Think.* New York: Syracuse University Press.

Durkheim, E. 1951. *Suicide*. Trans. by J. A. Spaulding and G. Simpson. Glencoe: Free Press.

Durkheim, E. 1965. *The Elementary Forms of the Religious Life*. Trans. by J. W. Swain. New York: Free Press.

Durkheim, E. 1984. *The Division Labour in Society*. Trans. by W. Halls. New York: Free Press.

Eileen T. Lake. 2007. "The nursing practice environment: Measurement and evidence. " *Medical Care Research and Review*, Vol. 64, No. 2.

Eisenberger, R. T. , Huntington, R. , Hutchinson, S. & Sowa, D. 1986. "Perceived organizational support. " *Journal of Applied Psychology*, Vol. 71, No. 3.

Elden, Max & James C. Taylor. 1983. "Participatory research at work: An Introduction. " *Journal of Occupational Behavior*, Vol. 4, No. 1.

Elden, Max. 1983. "Democratization and participative research. " *Journal of Occupational Behavior*, Vol. 4, No. 1.

Elena Ronda Pérez, Fernando G. Benavides, Katia Levecque (UGent), John G. Love & Emily Felt and Ronan van Rossem. 2012. "Differences in working conditions and employment arrangements among migrant and non-migrant workers in Europe. " *Ethnicity & Health*, Vol. 17, No. 6.

Elizur, D. 1990. "Quality of work life and its relation to quality of life. " *Applied Psychology: An International ReViews*, 39 (3): 288.

Ellemers, N. , Kortekaas, P. & Ouwerkerk, J. W. 1999. " Self-categorisation, commitment to the group and group self-esteem as related but distinct aspects of social identity. " *European Journal of Social Psychology*, Vol. 29, No. 2 – 3.

Epstein, S. 1979. "The stability of behavior: I. On predicting most of the people much of the time. " *Journal of Personality and Social*

Psychology, Vol 37, No. 7.

Etzioni, A. 1988. *The Moral Dimension: Towards a New Economics*. New York: Free Press.

Eurofound. 2011. *Fourth European Working Conditions Survey*. Publications Office of the European Union.

Eurofound. 2012. *Fifth European Working Conditions Survey*. Publications Office of the European Union.

European Commission. 2001. *Employment and Social Policy: A Framework for Investing in Quality*. Communication from the Commission to the European Parliament, the Economic and Social Committee and the Committee of the Regions, COM, 313. Brussels: European Commission.

European Commission. 2002. *Taking Five Years of the European Employment Strategy*. COM 416. Brussels: European Commission.

European Commission. 2008. *Employment in Europe* 2008. Brussels: European Commission.

Farnham, S. D. , Greenwald, G. & Banaji, M. R. 1999. " Implicit self-esteem. " in Abrams, D. & Hogg, M. A. (eds.) *Social Identity and Social Cognition*. Oxford: Blackwell, pp. 230 – 256.

Farris, G. F. 1971. "A predictive study of turnover. " *Personnel Psychology*. Vol. 24, No. 2, 1971.

Fazio, R. H. 1986. "How do attitudes guide behavior?" in Sorrentino, R. M. & Higgins, E. T. (eds.) *The Handbook of Motivation and Cognition: Foundations of Social Behavior*. New York: Guilford Press, pp. 204 – 243.

Feldman, D. C. 1976. "A contingency theory of socialization. " *Administrative Science Quarterly*, Vol. 21, No. 3.

Ferris, G. R. , Harrell-Cook, G. & Dulebohn, J. H. 2000. "Organizational politics: The nature of the relationship between politics perceptions and political behavior. " in Lounsbury, M. (eds.) *Research in the Sociology of Organizations.* Greenwich, Conn: Jai Press, pp. 89 – 130.

Filstad, C. 2004. "How newcomers use role models in organizational socialization. " *Journal of Workplace Learning*, Vol. 16, No. 7.

Findlay, P. , Kalleberg, A. L. & Warhurst, C. 2013. "The challenge of job quality. " *Human Relations*, Vol. 66, No. 4.

Finegan, J. E. 2000. "The impact of person and organizational values on commitment. " *Journal of Occupational and Organizational Psychology*, Vol. 73, No. 2.

Fogarty, T. J. &. Dirsmith, M. W. 2001. "Organizational socialization as instrument and symbol: An extended institutional theory perspective. " *Human Resource Development Quarterly*, Vol. 12, No. 3.

Folkman, S. , Lazarus, R. S. , Gruen, R. J. & DeLongis, A. 1986. "Appraisal, coping, health status, and psychological symptoms. " *Journal of Personality and Social Psychology*, Vol. 50, No. 3.

Francesco Della Puppa. 2012. "Being part of the family. Social and working conditions of female migrant care workers in Italy. " *Nordic Journal of Feminist and Gender Research*, Vol. 20, No. 3.

Freudenberger, H. J. & Richelson, G. 1980. *Burn-Out: The High Cost of High Achievement*, 3rd Edition. Garden City: Anchor Press.

Freudenberger, H. J. 1974. "Staff burn-out. " *Journal of Social Issues*, Vol. 30, No. 1.

Fu, C. K. & Shaffer, M. A. 2008. "Socialization tactics, fit, and expatriate outcomes. " *Academy of Management Proceedings*, Vol. 1.

Gahi, D. 2003. "Decent work: concept and indicators. " *International Labour Review*, Vol. 142. No. 2.

Gallie, D. 2007. "Production regimes, employment regimes, and the quality of work. " in D. Gallie (eds.) *Employment Regimes and the*

Quality of Work. Oxford: Oxford University Press.

Gardner, D. G. & Pierce, J. L. 1998. "Self-esteem and self-efficacy within the organizational context: An empirical examination." *Group and Organization Management*, Vol. 23, No. 1.

Giddens, A. 1991. *Modernity and Self-Identity: Self and Society in the Late Modern Age.* Stanford: Stanford University Press.

Glendinning, A. & Inglis, D. 1999. "Smoking behaviour in youth: The problem of low self-esteem?" *Journal of Adolescence*, Vol. 22, No. 5.

Goertz, G. 2006. *Social Science Concepts: A User's Guide.* Princeton: Princeton University Press.

Goffman, E. 1963. *Behavior in Public Places: Notes on the Social Organization of Gatherings.* New York: Free Press.

Goffman, E. 1972. *Interactional Ritual: Essays on Face-to-face Behavior.* Harmondsworth: Penguin.

Goldsmith, A. H., Veum, J. R. & W. Darity Jr. 1997. "The impact of psychological and human capital on wages." *Economic Inquiry*, Vol. 35, No. 4.

Goldsmith, A. P., Nickson, D. P., Sloan, D. H. & Wood, R. C. 1997. *Human Resource Management for Hospitality Services.* Stamford: Thomson Learning Publisher.

Gorsuch, R. L. 1983. *Factor Analysis, 2nd Edition.* Hillsdale: L. Erlbaum Associates.

Gower, L. C. B. 1973. *The Principles of Modern Company Law.* London: Stevens and Sons.

Green, F. & Mostafa, T. 2012. *Trends in Job Quality in Europe.* Luxembourg: European Union.

Green, F., Mostafa, T., Parent-Thirion, A., Vermeylen, G., Houten, G. V., Biletta, I. & Lyly-Yrjanainen, M. 2013. "Is job quality becoming more unequal?" *Industrial & Labor Relations Re-*

view Vol. 66, No. 4.

Green, F. 2006. *Demanding Work*: *The Paradox of Job Quality in the Affluent Economy*. Princeton: Princeton University Press.

Greenberg, J., Pyszczynski, T. & Solomon, S. 1986. "The causes and consequences of the need for self-esteem: Terror management theory." in R. F. Baumeister (eds.) *Public Self and Private Self*. NewYork: Springer-Verlag, pp. 189 – 212.

Greenberg, J., S., Solomon & Pyszczynski, T. 1997. "Terror management theory of self-esteem and social behavior: Empirical assessments and conceptual refinements." in M. P. Zanna (eds.) *Advances in Experimental Social Psychology Vol*. 29. New York: Academic Press, pp. 61 – 139.

Greenwald, A. G. & Banaji, M. R. 1995. "Implicit social cognition: Attitudes, self-esteem, and stereotypes." *Psychological Review*, Vol. 102, No. 1.

Greenwald, A. G. & Farnham, S. D. 2000. "Using the implicit association test to measure self-esteem and self-concept." *Journal of Personality and Social Psychology*, Vol. 79, No. 6.

Greenwald, A. G. 1980. "The totalitarian ego: Fabrication and revision of personal history." *American Psychologist*, Vol. 35, No. 7.

Grossman, S. & Hart, O. 1983. "An analysis of the principal-agent problem." *Econometrica*, Vol. 51.

Gruman, J. A. & Saks, A. M. 2011. "Socialization preferences and intentions: Does one size fit all?" *Journal of Vocational Behavior*, Vol. 79, No. 2.

Halbwachs, M. 1978. *The Causes of Suicide*. New York: Free Press.

Hall, B. L. 1975. "Participatory research: An approach for change." *Convergence*, Vol. 8, No. 2.

Hall, P. M. 1987. "Interactionism and study of social organization." *So-*

ciological Quartely, Vol. 28, No. 1.

Haller M. & Hadler M. 2006. "How social relations and structures can produce happiness and unhappiness: An international comparative analysis." *Social Indicators Research*, No. 75.

Hart, Z. P. & Miller, V. D. 2005. "Context and message content during organizational socialization." *Human Communication Research*, Vol. 31, No. 2.

Harter, S. 1993. "Causes and consequences of low self-esteem in children and adolescents." in R. F. Baumeister (eds.) *Self-Esteem: The Puzzle of Low Self-Regard.* New York: Plenum, pp. 87 – 111.

Hauff, S. & Kirchner, S. 2014. "Cross-national differences and trends in job quality." *Amburgo: Germania.*

Hetts, J. J. , Sakuma, M. & Pelham, B. W. 1999. "Two roads to positive regard: Implicit and explicit self-evaluation and culture." *Journal of Experimental Social Psychology*, Vol. 35, No. 6.

Hirst, G. , Van Dick, R. & Van Knippenberg, D. 2009. "A social identity perspective on leadership and employee creativity." *Journal of Organizational Behavior*, Vol. 30, No. 7.

Holahan, C. J. & Moos, R. H. 1987a. "Personal and contextual determinants of coping strategies." *Journal of Personality and Social Psychology*, Vol. 52, No. 5.

Holahan, C. J. & Moos, R. H. 1987b. "Risk, resistance, and psychological distress: A longitudinal analysis with adults and children." *Journal of Abnormal Psychology*, Vol. 96, No. 1.

Holman, D. 2013. "Job types and job quality in Europe." *Human Relations*, Vol. 66, No. 4.

Holmes, T. H. & Rahe, R. H. 1967. "The social readjustment rating scale." *Journal of Psychosomatic Research*, Vol. 11, No. 2.

Hoppock, R. 1935. *Job Satisfactions.* New York: Harper.

Howell, Jude. 2003. "Trade unionism in China: Sinking or swimming?" *Journal of Communist Studies and Transition Politics*, Vol. 19.

Hoyle, R. H. 1999. *Selfhood: Identity, Esteem, Regulation*. Boulder: Westview.

Hulin, C. L. & Blood, M. R. 1968. "Job enlargement, individual differences, and worker responses. " *Psychological Bulletin*, Vol. 69, No. 1.

Hyman, R. 1975. *Industrial Relations: A Marxist Introduction*. London: Macmillan.

Ilomäki I. , Leppänen K. , Kleemola L. , Tyrmi J. , Laukkanen A. M. & Vilkman E. 2009. "Relationships between self-evaluations of voice and working conditions, background factors, and phoniatric findings in female teachers. " *Logopedics Phoniatrics Vocology*, Vol. 34, No. 1.

ILO. 1999. "Decent work. Report of the direct general. " *International Labour Conference*, 87*th Session*. Geneva: ILO.

Irma Ilomäki, Anne-Maria Laukkanen, Kirsti Leppänen &Erkki Vilkman. 2008. "Effects of voice training and voice hygiene education on acoustic and perceptual speech parameters and self-reported vocal well-being in female teachers. " *Logopedics Phoniatrics Vocology*, Vol. 33, No. 2.

Jahoda, M. 1982. *Employment and Unemployment: A Social-Psychological Analysis*. Cambridge: Cambridge University Press.

James, W. 1983. *The Principles of Psychology, Cambridge*. MA: Harvard University Press (Original work published 1890).

Jan Dula & Canan Ceylan. 2011. "Work environments for employee creativity Publication Publication. " *Ergonomics*, Vol. 54, No. 1.

Jan Sundquist, Per-Olof Ostergren, Kristina Sundquist & Sven-Erik Johansson. 2003. "Psychosocial Working Conditions and Self-Reported

Long-Term Illness: A Population-Based Study of Swedish-Born and Foreign-Born Employed Persons. " *Ethnicity and Health*, Vol. 8, No. 4.

Jensen, M. C. & Meckling, W. H. 1976. "Theory of the firm: Managerial behavior, agency costs, and ownership structure. " *Journal of Financial Economics*, No. 3.

Kahn, R. L. & Antonucci, T. C. 1980. "Convoys over the life course: Attachment roles and social support. " in P. B. Baltes and O. G. Brim (eds) *Life-Span Development and Behavior.* New Jersey: Lawrence Erlbaum, pp. 253–286.

Kahn, W. A. 1990. "Psychological conditions of personal engagement and disengagement at work. " *Academy of Management Journal*, Vol. 33, No. 4.

Kahn, W. A. 1992. "To be fully there: Psychological presence at work. " *Human Relations*, Vol. 45, No. 4.

Kakwani, Nanak. 1984. "The relative deprivation curve and its applications. " *Journal of Business & Economic Statistics*, Vol. 2, No. 4.

Kalleberg, A. L. 2011. *Good Jobs, Bad Jobs.* New York: Russell Sage Foundation.

Kammeyer-Muller, J. D. & Wanberg, C. R. 2003. "Unwrapping the organizational entry process: Disentangling multiple antecedents and their pathways to adjustment. " *Journal of Applied Psychology*, Vol. 88, No. 5.

Kankare E. , Geneid A. , Laukkanen A. M. & Vilkman E. 2012. "Subjective evaluation of voice and working conditions and phoniatric examination in kindergarten teachers. " *LehtiFolia Phoniatrica et Logopaedica*, Vol. 64, No. 1.

Karasek, R. A. 1985. *Job Content Questionnaire and User's Guide.* Lowell: Department of Work Environment, University of Massachusetts

Lowell.

Keenan, A. & McMain, G. D. M. 1979. "Effects of type A behaviour, intolerance of ambiguity, and locus of control on the relationship between role stress and work-related outcomes. " *Journal of Occupational Psychology*, Vol. 52, No. 4.

Keenan, A. 1978. "Selection interview performance and intolerance of ambiguity. " *Psychological Reports*, Vol. 42, No. 2.

Kerfoot, E. C. , Chattillion, E. A. & Williams, C. L. 2008. "Role of nucleus NAC neurons in processing memory for emotionally arousing events. " *Neurobiology of Learning and Memory*, Vol. 89.

Kerfoot, K. M. 2008. "Bossing or serving? How leaders execute effectively. " *MEDSURG Nursing*, Vol. 17, No. 2.

Kernis, M. H. 2003. "Toward a conceptualization of optimal self-esteem. " *Psychological Inquiry*, Vol. 14, No. 1.

Kissler, Leo. 1989. "Co-determination in research in the Federal Republic of Germany: A review. " in C. J. Lammers & G. Szell (eds.) *International Handbook of Participation in Organizations*, No. 1.

Koole, S. L. , Dijksterhuis, A. & van Knippenberg A. 2001. "What's in a name: Implicit self-esteem and the automatic self. " *Journal of Personality and Social Psychology*, Vol. 80, No. 4.

Koole, S. L. , Smeets, K. , van Knippenberg, A. & Dijksterhuis, A. 1999. "The cessation of rumination through self-affirmation. " *Journal of Personality and Social Psychology*, Vol. 77, No. 1.

Korpi, W. 1978. *The Working Class in Welfare Capitalism: Work, Unions, and Politics*. Sweden: Taylor & Francis.

Korpi, W. 1983. *The Democratic Class Struggle*. London: Routledge.

Kyoung-Ok Park & Mark G. Wilson. 2003. "Psychosocial work environments and psychological strain among Korean factory workers. " *Stress & Health*, Vol. 19, No. 3.

Lammers, C. J. 1967. "Power and participation in decision making in formal organizations." *American Journal of Sociology*, Vol. 73, No. 2.

Lance C., Mallard A. & Michalos A. 1995. "Tests of the causal directions of global-life facet satisfaction relationships." *Social Indicators Research*, No. 34.

Land, K. C. 1975. "The role of quality of employment indicators in general social reporting systems." *American Behavioral Scientist*, Vol. 18, No. 3.

Langelaan, S., Bakker, A. B., van Doornen, L. J. P. & Schaufeli, W. B. 2006. "Burnout and work engagement: Do individual differences make a difference?" *Personality and Individual Differences*, Vol. 40, No. 3.

Lau, C. M. & Woodman, R. W. 1995. "Understanding organizational change: A schematic perspective." *The Academy of Management Journal*, Vol. 38, No. 2.

Lau, E. E. 1978. *Intention and Institution*. New York: München.

Lawler, E. E. & Hall, D. T. 1970. "Relationship of job characteristics to job involvement, satisfaction, and intrinsic motivation." *Journal of Applied Psychology*, Vol. 54, No. 4.

Lawler, E. E. 1986. *High-Involvement Management*. San Francisco: Jossey-Bass.

Leary, M. R. 1986. "The impact of interactional impediments on social anxiety and self-presentation." *Journal of Experimental Social Psychology*, Vol. 22, No. 2.

Lederer W., Kinzl J. F., Trefalt E., Traweger C. & Benzer A. 2006. "Significance of working conditions on burnout in anesthetists." *Acta Anaesthesiologica Scandinavica*, No. 50.

Leiter, M. P. & Schaufeli, W. B. 1996. "Consistency of the burnout construct across occupations." *Anxiety, Stress and Coping*, Vol. 9,

No. 3.

Leschke, J. & Watt, A. 2008. *Job Quality in Europe.* ETUI-REHS Working Paper, No. 7, Brussels: ETUI-REHS.

Leschke, J. & Watt, A. 2014. "Challenges in Constructing a Multi-Dimensional European Job Quality Index." *Social Indicators Research*, Vol. 118, No. 1.

Leschke, J. , Watt, A. & Finn, M. E. 2008. *Putting a Number on Job Quality? Constructing a European Job Quality Index.* ETUI-REHS Working Paper, No. 3, Brussels: ETUI-REHS.

Leschke, J. , Watt, A. & Finn, M. E. 2012. *Job Quality in the Crisis-An Update of the Job Quality index* (JQI). ETUI-REHS Working Paper, No. 7. Brussels: ETUI-REHS.

Levy, P. S. & Lemeshow, S. 1999. *Sampling of Populations: Methods and Applications.* New York: Wiley.

Lindholm M. 2006. "Working conditions, psychosocial resources and work stress in nurses and physicians in chief managers'positions." *Journal of Nursing Management*, Vol. 14, No. 4.

Lodahl, T. M. & Kejnar, M. 1965. "The definition and measurement of job involvement." *Journal of Applied Psychology*, Vol. 49, No. 1.

Lohr, S. L. 1999. *Sampling: Design and Analysis. Pacific Grove.* CA: Duxbury Press.

Loi, R. , H-Y. Ngo& S. Foley. 2006. "Linking employees' justice perceptions to organizational commitment and intention to leave: The mediating role of perceived organizational support. " *Journal of Occupational and Organizational Psychology*, Vol. 79, No. 1.

Long, J. S. 1983. *Confirmatory Factor Analysis: A Preface to LISREL.* London: Sage.

Lorence, J. 1987. "A test of 'gender' and 'job' models of sex differences in job involvemen. " *Social Forces*, Vol. 66, No. 1.

Luhmann N. 1995. *Social Systems*. Stanford, Calif. : Stanford University Press.

Lukes, S. 1974. *Power: A Radical View*. London: Macmillan.

López-Tamayo, Royuela, J. V. & Suriñach, J. 2013. "Building a 'quality in work' index in Spain. " in Sirgy, M. et al. (eds.) *Community Quality-of-Life*. Indicators: Best Cases VI: Springer, Dordrecht: Springer.

Mache S. , Vitzthum K. , Kusma B. , Nienhaus A. , Klapp B. F. & Groneberg D. A. 2010. "Pediatricians' working conditions in German hospitals: a real-time task analysis. " *European Journal of Pediatrics*, Vol. 169, No. 5.

Maciver, R. M. 1950. *The Ramparts We Guard*. New York: Macmillan.

Maciver, R. M. 1962. "Tyranny of the clock: The need to enjoy what one does cannot be overestimated. " *Science*, Vol. 138, No. 3536.

Malakh-Pines, A. & Aronson, E. 1988. *Career Burnout: Causes and Cures*. New York: Free Press.

Mannheim, B. 1975. "A comparative study of work centrality, job rewards and satisfaction. " *Sociology of Work and Occupations*, Vol. 2, No. 1.

Marsh, H. W. 1986. "Global self-esteem: Its relation to specific facets of self-concept and their importance. " *Journal of Personality and Social Psychology*, Vol. 51, No. 6.

Martin Lindström. 2005. "Psychosocial work conditions, unemployment and self-reported psychological health: A population-based study. " *Occupational Medicine*, Vol. 55, No. 7.

Martin Lindström. 2009. "Psychosocial work conditions, unemployment, and generalized trust in other people: A population-based study of psychosocial health determinants. " *The Social Science Journal*, Vol. 46, No. 3.

Maslach, C. & Jackson, S. E. 1981. "The measurement of experienced burnout. " *Journal of Organizational Behavior*, Vol. 2, No. 2.

Maslach, C. & Jackson, S. E. 1984. "Burnout in organizational settings. " *Applied Social Psychology*, Vol. 8, No. 5.

Maslach, C. & Leiter, M. P. 1997. *The Truth About Burnout: How Organizations Cause Personal Stress and What to Do About It*. San Francisco: Jossey-Bass.

Maslach, C. , Schaufeli, W. B. & Leiter, M. P. 2001. "Job burnout. " *Annual Review of Psychology*, Vol. 52, No. 1.

Maslach, C. 1976. "Burned-out", *Human Behavior*, Vol. 5, No. 9.

Mathews, B. P. & Shepherd, J. L. 2002. "Dimensionality of cook and wall's British organizational commitment scale. " *Journal of Occupational and Organizational Psychology*, Vol. 75.

May, D. R. , Gilson, R. L. & Harter, L. M. 2004. "The psychological conditions of meaningfulness, safety and availability and the engagement of the human spirit at work. " *Journal of Occupational and Organizational Psychology*, Vol. 77, No. 1.

Mboya, M. M. 1995. "Perceived teacher's behaviors and dimensions of adolescent self-concepts. " *Educational Psychology*, Vol. 15, No. 4.

McAllister, D. J. & Bigley, G. A. 2002. "Work context and the definition of self: How organizational care influences organization-based self-esteem. " *The Academy of Management Journal*, Vol. 45, No. 5.

McCarthy, Sharon. 1989. " The dilemma of non-participation. " in C. J. Lammers and G. Szell (eds.) *International Handbook of Participation in Organizations*, No. 1, Oxford: OUP, pp. 115 – 127.

McGregor, Douglas. 1960. T*he Human Side of Enterprise*. New York: McGraw-Hill.

Merton, R. K. 1938. "Social structure and anomie. " *American Sociological Review*, Vol. 3, No. 5.

Merton, R. K. 1948. "Manifest and latent functions. " *Social Theory and Social Structure.* New York: Free Press.

Merton, R. K. 1968. *Social Theory and Social Structure.* New York: The Free Press (enlarged edition).

Meyer, J. W. & Rowan, B. 1977. "Institutionalized organizations: Formal structure as myth and ceremony. " *American Journal of Sociology*, Vol. 83, No. 2.

Michael Ertel, Eberhard Pech, Peter Ullsperger, Olaf von Dem Knesebeck & Johannes Siegrist. 2005. " Adverse psychosocial working conditions and subjective health in freelance media workers. " *Journal Work & Stress*, Vol. 19, No. 3.

Mischel, W. 1973. "Toward a cognitive social learning reconceptualization of personality. " *Psychological Review*, Vol. 80, No. 4.

Montgomery, A. J. , Peeters, M. C. W. , Sshaufeli, W. B. & Den Ouden, M. 2003. "Work-home interference among newspaper managers: Its relationship with burnout and engagement. " *Anxiety, Stress and Coping*, Vol. 16, No. 2.

Mowday, R. T. , Porter, I. M. , & Steers, R. M. 1982. *Employee Organization Linkages: The Psychology of Commitment, Absenteeism, and Turnover.* New York: Academic Press.

Mruk, C. J. 1999. *Self-Esteem: Research, Theory, and Practice.* New York: Springer.

Muthen, L. K. & B. O. Muthen. 2002. "How to use a monte carlo study to decide on sample size and determine power. " *Structural Equation Modeling*, No. 9.

Mußmann, F. 2009. *The German Good-work Index.* Presented at the E-TUI Conference 2009, Brussels.

Muñoz de Bustillo, R. , Fernández-Macías, E. , Esteve, F. & Antón, J. 2011. *Measuring More Than Money: The Social Economics of Job*

Quality. Cheltenham: Edward Elgar Publishing.

Nadler, D. A. & Lawler, E. E. 1983. "Quality of work life: Perspectives and directions. " *Organizational Dynamics*, Vol. 11, No. 3.

Nee, V. & Stark, D. 1989. *Remaking Economic Institutions of National Socialism*. Stanford: Stanford University Press.

Nee, V. 1992. "Organizational dynamics of market transition: Hybrid forms, property rights, and mixed economy in China. " *Administrative Science Quarterly*, Vol. 37.

Nee, V. 1996. "The emergence of a market society: Changing mechanisms of stratification in China. " *American Journal of Sociology*, Vol. 101.

Nelson, A. , Cooper, C. L. & Jackson, P. R. 1995. "Uncertainty amidst change: The impact of privatization on employee job satisfaction and well-being. " *Journal of Occupational and Organizational Psychology*, Vol. 68, No. 1.

Nelson, R. J. , Demas, G. E. , Huang, P. L. , Fishman, M. C. , Dawson, V. L. , Dawson, T. M. & Snyder, S. H. 1995. "Behavioral abnormalities in male mice lacking neuronal nitric oxide synthase. " *Nature*, Vol. 378, No. 6555.

Newton, T. , Handy, J. & Fineman, S. 1995. *Managing Stress: Emotion and Power at Work*. London: Sage.

Nisbet, R. A. 1997. *The Degradation of the Academic Dogma*. New Brunswick: Transaction Publishers.

Noblet Andrew & LaMontagne, Anthony D. 2006. "The role of workplace health promotion in addressing job stress. " *Health Promotion International*, vol. 21, No. 4.

Noblet A. , Graffam J. & McWilliams J. 2008. "Sources of well-being and commitment of staff in the Australian Disability Employment Services. " *Health & Social Care in Community*, Vol. 16, No. 2.

North, D. C. & Thomas R. P. 1973. *The Rise of the Western World: A*

New Economic History. Cambridge: Cambridge University Press.

North, D. C. 1992. *Transaction Casts, Institutions and Economic Performance*. San Francisco: International Center for Economic Growth.

Nosek, B. A., Greenwald, A. G. & Banaji, M. R. 2002. "Harvesting implicit group attitudes and beliefs from a demonstration web site." *Group Dynamics: Theory, Research, and Practice*, Vol. 6, No. 1.

Oi, Jean. 1989. *State and Peasant in Contemporary China: The Political Economy of Village Government*. Berkeley: University of California Press.

Oi, Jean. 1995. "The role of the local state in China's transitional economy." *China Quarterly*, Vol. 144.

Olli Pietiläinen, Mikko Laaksonen, Ossi Rahkonen & Eero Lahelma. 2011. "Self-Rated Health as a Predictor of Disability Retirement-The Contribution of Ill-Health and Working Conditions." *PLoS One*, No. 6.

Olsen, K. M. 2010. "Perceived job quality in the United States, Great Britain, Norway and West Germany, 1989 – 2005." *European Journal of Industrial Relations*, Vol. 16, No. 3.

Osterman, P. 2013. "Introduction to the special issue on job quality: What does it mean and how might we think about it." *Industrial & Labor Relations Review*, 66 (4).

O'Bannon, B. 2007. *Balance Matters: Turning Burnout into Balance*. Texas: R. & B. Publishing.

Pateman, Carole. 1970. *Participation and Democratic Theory*. Cambridge: Cambridge University Press.

Paullay, I. M., Alliger, G. M. & Stone-Romero, E. F. 1994. "Construct validation of two instruments designed to measure job involvement and work centrality." *Journal of Applied Psychology*, Vol. 79, No. 2.

Pfeffer, J. 1994. *Competitive Advantage through People: Unleashing the*

Power of the Work Force. Boston: Harvard Business School Press.

Phelps, E. A. , O'Connor, K. J. , Cunningham, W. A. , Funayama, E. S. , Gatenby, J. C. , Gore J. C. , & Banaji, M. R. 2000. "Performance on indirect measures of race evaluation predicts amygdala activation. " *Journal of Cognitive Neuroscience*, Vol. 12, No. 5.

Philippe Askenazy & Eve Caroli. 2010. "Innovative Work Practices, Information Technologies, and Working Conditions: Evidence for France. " *Industrial Relations*, Vol. 49, No. 4.

Pierce, J. L. , Gardner, D. G. , Cummings, L. L. & Dunham, R. B. 1986. "Organization-based self-esteem: Construct definition, measurement, and validation. " *The Academy of Management Journal*, Vol. 32, No. 3.

Poole, M. 1986. *Towards a New Industrial Democracy*. London: Routledge.

Pope, A. W. , McHale, S. M. & Craighead, W. E. 1988. *Self-Esteem Enhancement with Children and Adolescents*. New York: Pergamon Press.

Powell, W. & Dimaggio (eds.). 1991. *The New Institutionalism in Organizational Analysis*. Chicago: University of Chicago Press.

Preinfalk, H. , Michenthaler, G. & Wasserbacher, H. 2006. *The Austrian Work Climate Index*, Presented at the Research Seminar of the European Foundation for the Improvement of Living and Working Conditions, Durblin.

Rabinowitz, S. & Hall, D. T. 1977. "Organizational research on job involvement. " *Psychological Bulletin*, Vol. 84, No. 2.

Rabinowitz1, S. , Hall, D. T. & Goodale, J. G. 1977. "Job scope and individual differences as predictors of job involvement: Independent or interactive?" *The Academy of Management Journal*, Vol. 20, No. 2.

Rajan, A. 1987. *Services: The Second Industrial Revolution*. London: Butterwroths.

Raschke, H. J. 1978. "The role of social participation in postseparation and postdivorce adjustment. " *Journal of Divorce*, Vol. 1, No. 2.

Rhoades, L. & Eisenberger, R. 2002. "Perceived organizational support: A review of the literature. " *Journal of Applied Psychology*, Vol. 87, No. 4.

Riesman, D. 1954. *Individualism Reconsidered and Other Essays*. New York: Free Press.

Riesman, D. 1961. *The Lonely Crowd: A Study of the Changing American Character*. New Haven: Yale University Press.

Riketta, M. 2005. "Organizational identification: A meta-analysis. " *Journal of Vocational Behavior*, Vol. 66, No. 2.

Risto Kaikkonen, Ossi Rahkonen, Tea Lallukka & Eero Lahelma. 2009. "Physical and psychosocial working conditions as explanations for occupational class inequalities in self-rated health. " *The European Journal of Public Health*, Vol. 19, No. 5.

Roberts, D. R. & Davenport, T. O. 2002. "Job engagement: Why it's important and how to improve it. " *Employment Relations Today*, Vol. 29, No. 3.

Robinson, S. L. 1996. "Trust and breach of the psychological contract. " *Administrative Science Quarterly*, Vol. 41, No. 4.

Rogers, C. R. 1951. *Client-Centered Therapy: Its Current Practice, Implications and Theory*. Boston: Houghton Mifflin.

Rosenberg, M. 1965. *Society and the Adolescent Self-Image*. Princeton: Princeton University Press.

Rotenberry, P. F. & Moberg, P. J. 2007. "Assessing the impact of job involvement on performance. " *Management Research News*, Vol. 30, No. 3.

Rothbard, N. P. 2001. "Enriching or depleting? The dynamics of engagement in work and family roles. " *Administrative Science Quarterly*, *Vol.* 46, No. 4.

Rotter, J. B. 1966. " Generalized expectancies for internal versus external control of reinforcement. " *Psychological Monographs*: *General and Applied*, Vol. 80, No. 1.

Rotter, J. B. 1971. " Generalized expectancies for interpersonal trust. " *American Psychologist*, Vol. 26, No. 5.

Ruscio, J. , Whitney, D. M. & Amabile, T. M. 1998. " Looking inside the fishbowl of creativity: Verbal and behavioral predictors of creative performance. " *Creativity Research Journal*, Vol. 11, No. 3.

Sachiko Tanaka, Yukie Maruyama, Satoko Ooshima & Hirotaka Ito. 2010. " Working condition of nurses in Japan: awareness of work-life balance among nursing personnel at a university hospital. " *Journal of Clinical Nursing*, Vol. 20, No. 1.

Sachs, Jeffrey D. , Wing Thye Woo & Xiaokai Yang. 2000. *Economic Reforms and Constitutional Transition.* CID Working Papers 43, Center for International Development at Harvard University.

Saks, A. M. & Ashforth, B. E. 1997. " Organizational socialization: Making sense of the past and present as a prologue for the future. " *Journal of Vocational Behavior*, Vol. 51, No. 2.

Salanova, M. , Agut, S. & Peiró, J. M. 2005. " Linking organizational resources and work engagement to employee performance and customer loyalty: The mediation of service climate. " *Journal of Applied Psychology*, Vol. 90, No. 6.

Salanova, M. , Llorens, S. , Cifre, E. , Martínez, I. M. & Schaufeli, W. B. 2003. " Perceived collective efficacy, subjective well-being and task performance among electronic work groups: An experimental study. " *Small Group Research*, Vol. 34, No. 1.

Salmivalli, C. 2001. " Feeling good about oneself, being bad to others?

Remarks on self-esteem, hostility, and aggressive behavior. " *Aggression and Violent Behavior*, Vol. 6, No. 4.

Sandra Jönsson. 2012. "Psychosocial work environment and prediction of job satisfaction among Swedish registered nurses and physicians: a follow-up study. " *Scandinavian Journal of Caring Sciences*, No. 2.

Santrock, J. W. 2001. *Adolescence*. New York: McGraw-Hill.

Sara I Lindeberg, Maria Rosvall, BongKyoo Choi, Catarina Canivet, Sven-Olof Isacsson, Robert Karasek & Per-Olof östergren. 2010. "Psychosocial working conditions andexhaustion in a working population sampleof Swedish middle-aged men and women. " *The European Journal of Public Health*, Vol. 21, No. 2.

Sarason, I. G., Sarason, B. R. & Pierce, G. R. 1994. "Social support: Global and relationship-based levels of analysis. " *Journal of Social and Personal Relationships*, Vol. 11, No. 2.

Schaufeli, W. B., Bakker, A. B. & Salanova, M. 2006. "The measurement of work engagement with a short questionnaire: A cross-national study. " *Educational and Psychological Measurement*, Vol. 66, No. 4.

Schaufeli, W. B., Salanova, M., González-Romá V., & Bakker, A. B. 2002. "The measurement of engagement and burnout: A two sample confirmatory factor analytic approach. " *Journal of Happiness Studies*, Vol. 3, No. 1.

Scheff, T. J. 1997. *Emotions, the Social Bond, and Human Reality: Part/Whole Analysis*. Cambridge: Cambridge University Press.

Schlenker, B. R. 1997. "Personal responsibility: Applications of the triangle model. " in Cummings, L. L. & Staw, B. M. (eds.) *Research in Organizational Behaviour*. London: JAI, pp. 241 – 301.

Schnittker, J. 2002. "Acculturation in context: The self-esteem of Chinese immigrants. " *Social Psychology Quarterly*, Vol. 65, No. 1.

Schrodt, P. 2002. "The relationship between organizational identification

and organizational culture: Employee perceptions of culture and i-
dentification in a retail sales organization. " *Communication Stud-*
ies, Vol. 53, No. 2.

Schrodt, P. 2003. "Student perceptions of instructor verbal aggressive-
ness: The influence of student verbal aggressiveness and self-es-
teem. " *Communication Research Reports*, Vol. 20, No. 3.

Schutz, A. & Luckmann, T. 1974. *The Stuctures of the Life World.* London:
Heinemann.

Schutz, W. 1958. *Firo: A Three-Dimensional Theory of Interpersonal Be-*
havior. New York: Rinehart.

Schwyhart, W. R. & Smith, P. C. 1972. "Factors in the job involvement of
middle managers. " *Journal of Applied Psychology*, Vol. 56, No. 3.

Scott, K. D. & McClellan, E. 1990. "Gender differences in absenteeism. "
Public Personnel Management, Vol. 19, No. 2.

Seashore, S. E. 1974. "Job Satisfaction as an indicator of the quality of
employment. " *Social Indicators Research*, Vol. 1, No. 2.

Sen, A. 1999. *Development as Freedom.* Oxford: Oxford University Press.

Sezeleny, I. 1996. "The market transition debate: Toward a synthesis?"
American Journal of Sociology, Vol. 101.

Shamir, B. & Kark, R. 2004. " A single-item graphic scale for the
measurement of organizational identification. " *Journal of Occupa-*
tional and Organizational Psychology, Vol. 77, No. 1.

Shirom, A. 2004. "Feeling vigorous at work? The construct of vigor and
the study of positive affect in organizations. " in Perrewé, P. L. &
Ganster, D. C. (eds.) *Emotional and Physiological Processes and*
Positive Intervention Strategies. Boston: JAI, pp. 135 – 164.

Shore, L. M. & Shore, T. H. 1995. " Perceived organizational support
and organizational justice. " in Cropanzano, R. & Kacmar, K. M.
(eds.) *Organizational Politics, Justice, and Support: Managing*

the Social Climate of the Workplace. Edinburgh: Quorum Press, pp. 149 – 164.

Shott, S. 1979. "Emotion and social life: A symbolic interactionist analysis. " *American Journal of Sociology*, Vol. 84, No. 6.

Simmel, G. 1955. *Conflict and the Web of Group-Affiliations.* New York: Free Press.

Simón Pedro Izcara Palacios & Karla Lorena Andrade Rubio. 2011. "Problemas de salud de los jornaleros tamaulipecos empleados con visas h – 2a en Estados Unidos. " *Revista de estudios rurales*, Vol. 11, No. 22.

Singh, M. & Pestonjee, D. M. 1990. " Job involvement, sense of participation and job satisfaction: A study in banking industry. " *Indian Journal of Industrial Relations*, Vol. 26, No. 2.

Sirgy, M. J. 2002. *The Psychology of Quality of Life.* Dordrecht, the Netherlands: Kluwer Academic.

Skrovan, Daniel J. 1983. *Quality of Work Life: Perspectives for Business and the Public Sector.* London: Addison Wesley Publishing Company.

Smelser, N. J. 1989. "Self-esteem and social problems: An introduction. " in A. M. Mecca, N. J. Smelser & J. Vasconcello (eds.) *The Social Importance of Self-Esteem.* Berkeley: University of California Press, pp. 1 – 23.

Solomon, S. , Greenberg, J. & Pyszczynski, T. 1991. " Terror management theory of self-esteem. " in C. R. Snyder & D. R. Forsyth (eds.) *Handbook of Social and Clinical Psychology: The Health Perspective.* NewYork: Pergamon Press, pp. 21 – 40.

Sonnentag, S. 2003. "Recovery, work engagement, and proactive behavior: A new look at the interface between nonwork and work. " *Journal of Applied Psychology*, Vol. 88, No. 3.

Spalding, L. R. and Hardin, C. D. 1999. " Unconscious unease and self-handicapping: Behavioral consequences of individual differences in implicit and explicit self-esteem. " *Psychological Science*, Vol. 10, No. 6.

Spector, P. E. & Connell, B. J. 1994. "The contribution of personality traits, negative affectivity, locus of control and Type A to the subsequent reports of job stressors and job strains. " *Journal of occupational and organizational Psychology*, Vol. 67, No. 1.

Staines, G. L. & Quinn, R. P. 1979. "American workers evaluate the quality of their Jobs. " *Monthly Labor Review*, Vol. 3, No. 12.

Steers, R. M. 1991. *Introduction to Organizational Behavior*, 4th Edition. New York: Harper Collins Publishers.

Steffenhagen, R. A. & Burns, J. D. 1987. *The Social Dynamics of Self-Esteem: Theory to Therapy*. New York: Praeger.

Stinglhamber, F. & Vandenberghe, C. 2003. "Organizations and supervisors as sources of support and targets of commitment: A longitudinal study. " *Journal of Organizational Behavior*, Vol. 24, No. 3.

Stoneman, P. 1983. *The Economic Analysis of Technological Change*. New York: Oxford University Press.

Stroop, J. R. 1992. "Studies of interference in serial verbal reactions. " *Journal of Experimental Psychology: General*, Vol. 121, No. 1.

Sung-Heui Bae. 2011. "Assessing the relationships between nurse working conditions and patient outcomes: systematic literature review. " *Journal of Nursing Management*, Vol. 19, No. 6.

Susan Fread Albrecht, Beverley H. John, Joyce Mounsteven & Olufunmilola Olorunda. 2009. "Working conditions as risk or resiliency factors for teachers of students with emotional and behavioral disabilities. " *Psychology in the Schools*, Vol. 46, No. 10.

Tafarodi, R. W. & Swann, W. B. Jr. 1995. "Self-liking and self-competence as dimensions of global self-esteem: Initial validation of a measure. " *Journal of Personality Assessment*, Vol. 65, No. 2.

Tangian, A. 2007. *Is Work in Europe Decent? A Study Based on the 4th European Survey of Working Conditions* 2005. Discussion Paper 157, Düsseldorf: Hans Böckler Foundation.

Tangian, A. 2009. "Decent work: Indexing European working conditions and imposing workplace tax." *Transfer: European Review of Labour and Research*, Vol. 15, No. 3 - 4.

Taormina, R. J. & Law, C. M. 2000. "Approaches to preventing burnout: The effects of personal stress management and organizational socialization." *Journal of Nursing Management*, Vol. 8, No. 2.

Taormina, R. J. 1997. "Organizational socialization: A multidomain, continuous process model." *International Journal of Selection and Assessment*, Vol. 5, No. 1.

Taylor, D. A. & Altman, I. 1987. "Communication in interpersonal relationships: Social penetration process." in M. E. Roloff & G. R. Miller (eds.) *Interpersonal Processes: New Directions in Communication Research*, Newbury Park: Sage, pp. 257 - 277.

Tea Lallukka, Ossi Rahkonen & Sara Arber. 2010. "Sleep complaints in middle-aged women and men: the contribution of working conditions and work-family conflicts." *Journal of Sleep Research*, Vol. 19, No. 3.

Thomas N. Maloney. 1998. "Racial Segregation, Working Conditions, and Workers' Health: Evidence from the A. M. Byers Company, 1916 - 1930." *Explorations in Economic History*, Vol. 35, No. 3.

Tocqueville, A. 1981. *De la Démocratie en Amériqe Vol. 2*, Paris: Garnier-Flammarion.

Todd, J. 2005. "Social transformation, collective categories, and identity change." *Theory and Society*, Vol. 34, No. 4.

Townsend, E. 1997. "Occupation: Potential for personal and social transformation." *Journal of Occupational Science*, Vol. 4, No. 1.

Uhl-Bien, M. 2006. "Relation leadership theory: Exploring the social processes of leadership and organizing. " *Leadership Quarterly*, Vol. 17, No. 6.

Unger, J. & Chan, A. 1995. "China, corporatism, and the East Asian model. " *The Australian Journal of Chinese Affairs*, No. 33.

van Praag B. M. S. , Frijters P. & Ferrer-i-Carbonell A. 2003. "The anatomy of subjective well-being. " *Journal of Economic Behavior & Organization*, Vol. 51.

Vinopal, J. 2009. *The Instrument for Empirical Surveying of Subjectively Perceived Quality of Life*. Presented at the Conference Working Conditions and Health and Safety Surveys in Europe: Stocktaking, Challenges and Perspectives, Brussels.

Vroom, V. H. 1962. "Ego-involvement, job satisfaction, and job performance. " *Personnel Psychology*, Vol. 15, No. 2.

Walder, Andrew G. 1992. "Property rights and stratification in socialist redistributive economies. " *American Sociological Review*, Vol. 57.

Walder, Andrew G. 1995 "Career mobility and the communist political order. " *American Sociological Review*, Vol. 60.

Walder, Andrew G. 1996. "Markets and inequality in transitional economies: Toward testable theories. " *American Journal of Sociology*, Vol. 101,

Walker, K. F. 1974. "Workers' participation on management: Problems, practice and prospects. " *Bulletin of the International Institute for Labour Studies*, No. 12.

Walkins, D. & Dong, Q. 1994. "Assessing the self-esteem of Chinese school children. " *Education Psychology*, Vol. 149, No. 1.

Wang, H. , Zhong, C. B. , Farth, J. L. , & Aryee, S. 2000. *Perceived Organizational Support in the People' s Republic of China: An Exploratory Study*. " Paper presented at the Asia Academy of Management. Singapore, 3 – 12.

Weber, M. 1930. *The Protestant Ethic and the Spirit of Capitalism.* London: Allen and Unwin.

Weber, M. 1957. *The Theory of Social and Economic Organization.* Glencoe: Free Press.

Wefald, A. J. & Downey, R. G. 2009. "Job engagement in organizations: Fad, fashion, or folderol?" *Journal of Organizational Behavior*, Vol. 30, No. 1.

Wefald, A. J. 2008. *An Examination of Job Engagement, Transformational Leadership, and Related Psychological Constructs.* Doctor of Philosophy Thesis, Kansas State University.

Wellman, B. & Wortley, S. 1989. "Brothers' keepers: Situating kinship relations in broader networks of social support. " *Sociological Perspectives*, Vol. 32, No. 3.

Wells, L. E. & Marwell, G. 1976. *Self-Esteem: Its Conceptualization and Measurement.* Beverly Hills: Sage.

White, Gordon. 1996. "Chinese trade unions in the transition from socialism: Towards corporatism or civil society?" *British Journal of Industrial Relations*, Vol. 34.

Wiese, L. , Rothmann, S. & Storm, K. 2003. "Coping, stress and burnout in the South African police service in Kwazulu-Natal. " *SA Journal of Industrial Psychology*, Vol. 29, No. 4.

Wilson, T. D. , Lindsey, S. A. & Schooler, T. Y. 2000. "A model of dual attitudes. " *Psychological Review*, Vol. 107, No. 1.

Womack, B. 1991. "Transfigured community: Neo-traditionalism and work unit socialism in China. " *China Quarterly*, No. 126.

Yang, M. 1989. "Between state and society: The construction of corporateness in a Chinese socialistfactory. " *Australian Journal of Chinese Affairs*, No. 22.

Yang, Xiaokai & Ng, Yew-Kwang. 1995. "Theory of the firm and structure of residual rights." *Journal of Economic Behavior & Organization*, Vol. 26, No. 1.

Yang, X., Wang, J. & Wills, I. 1992. "Economic growth, commercialization, and institutional changes in rural China, 1979 – 1987." *China Economic Review*, No. 3.

Yoshida, K. & Torihara, M. 1997. "Redesigning jobs for a better quality of working life: The case of the Tokyo gas co." *International Labour Review*, Vol. 116, No. 2.

Youngs, B. B. 1992. *The 6 Vital Ingredients of Self-Esteem: How to Develop Them in Your Students. A Comprehensive Guide for Educators*, *K – 12*. Rolling Hills Estate, CA: B. L. Winch & Associates.

Young-Dae Kim, In Heo, Byung-Cheul Shin, Cindy Crawford, Hyung-Won Kang Jung-Hwa Lim. 2013. "Acupuncture for Posttraumatic Stress Disorder: A Systematic Review of Randomized Controlled Trials and Prospective Clinical Trials." *Evidence-Based Complementary and Alternative Medicine*, Vol. 195, No. 6.

Yukiko Seki & Yoshihiko Yamazaki. 2006. "Effects of working conditions on intravenous medication errors in a Japanese hospital." *Journal of Nursing Management*, Vol. 14, No. 2.

Zimbardo, P. G. 2007. *The Lucifer Effect: Understanding How Good People Turn Evil*. New York: Random House.

Zucker, L. 1987. "Institutional theories of organization." *Annual Review of Sociology*, Vol. 13.

图书在版编目（CIP）数据

环境·态度·行为：中国企业工作环境的实证数据
分析/张彦著. -- 北京：社会科学文献出版社，
2020.2（2022.4重印）
（中国工作环境研究丛书）
ISBN 978 - 7 - 5201 - 5433 - 8

Ⅰ.①环… Ⅱ.①张… Ⅲ.①企业环境管理 - 研究 -
中国 Ⅳ.①X322.2

中国版本图书馆 CIP 数据核字（2019）第 184206 号

中国工作环境研究丛书
环境·态度·行为
——中国企业工作环境的实证数据分析

著　者／张　彦

出 版 人／王利民
责任编辑／杨　阳　刘俊艳
责任印制／王京美

出　　版／社会科学文献出版社·群学出版分社（010）59366453
　　　　　地址：北京市北三环中路甲29号院华龙大厦　邮编：100029
　　　　　网址：www.ssap.com.cn
发　　行／社会科学文献出版社（010）59367028
印　　装／北京虎彩文化传播有限公司

规　　格／开本：787mm × 1092mm　1/16
　　　　　印张：15.5　字数：206千字
版　　次／2020年2月第1版　2022年4月第2次印刷
书　　号／ISBN 978 - 7 - 5201 - 5433 - 8
定　　价／89.00元

读者服务电话：4008918866